非物质文化遗产丛书

Intangible Cultural Heritage Series

北京动物标本

北京市文学艺术界联合会　组织编写

珊丹　刘嘉晖　编著

北京出版集团
北京美术摄影出版社

图书在版编目（CIP）数据

北刘动物标本 / 珊丹，刘嘉晖编著 ；北京市文学艺术界联合会组织编写. — 北京 ：北京美术摄影出版社，2021.10
（非物质文化遗产丛书）
ISBN 978-7-5592-0433-2

Ⅰ. ①北… Ⅱ. ①珊… ②刘… ③北… Ⅲ. ①动物—标本制作 Ⅳ. ①Q95-34

中国版本图书馆CIP数据核字（2021）第160172号

非物质文化遗产丛书
北刘动物标本
BEILIU DONGWU BIAOBEN
珊　丹　刘嘉晖　编著
北京市文学艺术界联合会　组织编写

出　版　北京出版集团
　　　　北京美术摄影出版社
地　址　北京北三环中路6号
邮　编　100120
网　址　www.bph.com.cn
总发行　北京出版集团
发　行　京版北美（北京）文化艺术传媒有限公司
经　销　新华书店
印　刷　天津图文方嘉印刷有限公司
版印次　2021年10月第1版第1次印刷
开　本　787毫米×1092毫米　1/16
印　张　16
字　数　230千字
书　号　ISBN 978-7-5592-0433-2
定　价　68.00元
如有印装质量问题，由本社负责调换
质量监督电话　010-58572393

编委会

组织编写

北京市文学艺术界联合会

北京民间文艺家协会

序

PREFACE

赵　书

　　2005 年，国务院向各省、自治区、直辖市人民政府，国务院各部委、各直属机构发出了《关于加强文化遗产保护的通知》，第一次提出"文化遗产包括物质文化遗产和非物质文化遗产"的概念，明确指出："非物质文化遗产是指各种以非物质形态存在的与群众生活密切相关、世代相承的传统文化表现形式，包括口头传统、传统表演艺术、民俗活动和礼仪与节庆、有关自然界和宇宙的民间传统知识和实践、传统手工艺技能等，以及与上述传统文化表现形式相关的文化空间。"在"保护为主、抢救第一、合理利用、传承发展"方针的指导下，在市委、市政府的领导下，非物质文化遗产保护工作得到健康、有序的发展，名录体系逐步完善，传承人保护逐步加强，宣传展示不断强化，保护手段丰富多样，取得了显著成绩。第十一届全国人民代表大会常务委员会第十九次会议通过《中华人民共和国非物质文化遗产法》。第三条中规定"国家对非物质文化遗产采取认定、记录、建档等措施予以保存，对体现中华民族优秀传统文化，具有历史、文学、艺术、科学价值的非物质文化遗产采取传承、传播等措施予以保护"。为此，在市委宣传部、组织部的大力支持下，

北刻动物标本

北京市于 2010 年开始组织编辑出版"非物质文化遗产丛书"。丛书的作者为非物质文化遗产项目传承人以及各文化单位、科研机构、大专院校对本专业有深厚造诣的著名专家、学者。这套丛书的出版赢得了良好的社会反响，其编写具有三个特点：

第一，内容真实可靠。非物质文化遗产代表作的第一要素就是项目内容的原真性。非物质文化遗产具有历史价值、文化价值、精神价值、科学价值、审美价值、和谐价值、教育价值、经济价值等多方面的价值。之所以有这么高、这么多方面的价值，都源于项目内容的真实。这些项目蕴含着我们中华民族传统文化的最深根源，保留着形成民族文化身份的原生状态以及思维方式、心理结构与审美观念等。非遗项目是从事非物质文化遗产保护事业的基层工作者，通过走乡串户实地考察获得第一手材料，并对这些田野调查来的资料进行登记造册，为全市非物质文化遗产分布情况建立档案。在此基础上，各区、县非物质文化遗产保护部门进行代表作资格的初步审定，首先由申报单位填写申报表并提供音像和相关实物佐证资料，然后经专家团科学认定，鉴别真伪，充分论证，以无记名投票方式确定向各级政府推荐的名单。各级政府召开由各相关部门组成的联席会议对推荐名单进行审批，然后进行网上公示，无不同意见后方能列入县、区、市以至国家级保护名录的非物质文化遗产代表作。丛书中各本专著所记述的内容真实可靠，较完整地反映了这些项目的产生、发展、当前生存情况，因此有极高历史认识价值。

第二，论证有理有据。非物质文化遗产代表作要有一定的学术价值，主要有三大标准：一是历史认识价值。非物质文化遗产是一定历史时期人类社会活动的产物，列入市级保护名录的项目基本上要有百年传承历史，通过这些项目我们可以具体而生动地感受到历史真实情况，是历史文化的真实存在。二是文化艺术价值。非物质文化遗产中所表现出来的审美意识和艺术创造性，反映着国家和民族的文化艺术传统和历史，体现了北京市历代人民独特的创造力，是各族人民的智慧结晶和宝贵的精神财富。三是科学技术价值。任何非物质文化遗产都是人们在当时所掌握的技术条件下创造出来的，直接反映着文物创造者认识自然、利用自然的程度，反映着当时的科学技术与生产力的发展水平。丛书通过作者有一定学术高度的论述，使读者深刻感受到非物质文化遗产所体现出来的价值更多的是一种现存性，对体现本民族、群体的文化特征具有真实的、承续的意义。

第二，图文并茂，通俗易懂，知识性与艺术性并重。丛书的作者均是非物质文化遗产传承人或某一领域中的权威、知名专家及一线工作者，他们撰写的书第一是要让本专业的人有收获；第二是要让非本专业的人看得懂，因为非物质文化遗产保护工作是国民经济和社会发展的重要组成内容，是公众事业。文艺是民族精神的火烛，非物质文化遗产保护工作是文化大发展、大繁荣的基础工程，越是在大发展、大变动的时代，越要坚守我们共同的精神家园，维护我们的民族文化基因，不能忘了回家的路。为了提高广大群众对非物质文化遗产保护工作重要性的认识，这套丛书对各个非遗项目在文化上的独特性、技能上的高超性、发展中的传承性、传播中的流变性、功能上的实用性、形式上的综合性、心理上的民族性、审美上的地域性进行了学术方面的分析，也注重艺术描写。这套丛书既保证了在理论上的高度、学术分析上的深度，同时也充分考虑到广大读者的愉悦性。丛书对非遗项目代表人物的传奇人生，各位传承人在继承先辈遗产时所做出的努力进行了记述，增加了丛书的艺术欣赏价

北刻动物标本

值。非物质文化遗产保护人民性很强，专业性也很强，要达到在发展中保护，在保护中发展的目的，还要取决于全社会文化觉悟的提高，取决于广大人民群众对非物质文化遗产保护重要性的认识。

编写"非物质文化遗产丛书"的目的，就是为了让广大人民了解中华民族的非物质文化遗产，热爱中华民族的非物质文化遗产，增强全社会的文化遗产保护、传承意识，激发我们的文化创新精神。同时，对于把中华文明推向世界，向全世界展示中华优秀文化和促进中外文化交流均具有积极的推动作用。希望本套图书能得到广大读者的喜爱。

2012 年 2 月 27 日

序

PREFACE

李劲松

记得幼时大人带我参观动物园、自然博物馆，标本室陈列的栩栩如生的动物标本令我从惊奇到痴迷——惊奇于标本的活灵活现，相对私语的鸟儿的五彩羽毛在灯光的照射下熠熠生辉、林木间跳跃攀爬的小熊猫身手敏捷……痴迷于标本的逼真，即便是那些现实中惊鸿一瞥的动物们也能近身细细打量，彼此绝不惊扰。那时候动物标本留下的印象至今难忘，动物们是怎么来的，标本又是怎样制作的，相信不少有参观标本展览经历的人都会有这样的问题萦绕心中。

《北刘动物标本》，细细读来，收获满满，不仅让往日里一鳞半爪得到的有关标本的认识被系统地梳理一番，而且有关北刘家族的碎片化印象也得到了较为完整的重塑。

标本是用动物尸体、植物经过特殊处理加工而成。标本大致可分为：兽类标本、鸟类标本、鱼类标本、昆虫类标本、植物类标本、骨骼类标本、虾蟹类标本、化石类标本等。

动物标本在原始社会仅被作为一种手工艺品，被原始社会的部落视为所拥有的财富及勇武强壮的象征。到了18世纪初的欧洲，人

北刘动物标本

们为了更加长久地保存动物皮毛的完整性，用药物对皮毛进行防护和储存，但这样粗糙的手法并不能长久完好地保存动物皮毛。20世纪初，近代生物学，特别是解剖学的迅速发展，野生动物皮的剥制技术和加工技术有了很大的发展，动物标本制作及应用逐渐向着综合性学科方向发展，开始为动物学服务。

动物标本制作是人类在发展过程中认识自然，熟悉自身的生存环境和自身的生存需求上发展起来的一项传统的行业。发展到了现代，动物标本制作成了一门集合生态学、环境学、解剖学、艺术美学等一系列学科知识的综合学科，是现代科学技术和传统工艺的结合。我国物种资源丰富，在科学研究方面，动物标本在研究物种的多样性和环境生态变化的过程中有着很高的科研价值。这项技艺为人们对大自然物种的认知提供了实证，为地球物种的进化和多样性研究提供了最为直接的证据，同时也为人类社会对濒危物种的保护提供了可供参考的依据。

《北刘动物标本》所涉及的时限从近代生物标本制作技术传入中国后开始至今。近代中国的生物标本制作技术属于传统标本制作范畴，分别形成"南唐""北刘"两派。"南唐"即以籍贯福建福州的一连五代专做动物标本的唐氏家族为核心的流派，所以此南派技法始于福建，"北刘"指以华北刘树芳家族为核心的流派，此北派技法始于1908年，以北京为其主要活动地点。本书的主要人物便是传承北派技法的刘氏一脉。这一脉所传承的技法被称为北刘动物标本制作技艺。

北刘动物标本制作技艺起源于清末的宫廷制作。第一代传承人刘树芳曾就读于京师大学堂博物实习科，1908年调入慈禧的万牲园，在这里研究出了独特的"假体法"。清农工商部农事试验场

（后来的北京西郊公园，今北京动物园）筹建初期就设立了动物标本陈列室，供刘树芳演练手艺之用，1914—1936年，由刘树芳负责制作的中外野生动物标本达千余种。1923—1937年，刘家标本制作技术上已经日臻成熟，渐成我国北派标本制作技艺流派——北刘动物标本制作技艺。在不断磨砺技艺之余，刘树芳还开设了"清黎阁制造标本处"，并在中华书局设了一个代售处。可以说，刘树芳是中国开设标本营销机构的"第一人"。随着清黎阁制造标本处的设立，刘家标本事业逐渐走向高峰。

北刘动物标本制作技艺源于清代皇宫，后流传民间，分散四野，这造就了北刘动物标本制作技艺兼具宫廷气质和市井韵味，富含京味文化特质，具有非常重要的历史人文价值。每有作品问世，便立即受到京城各阶层的追捧，被北方学术机构和个人广为收藏。北刘家族制作的标本还曾多次作为国礼，赠送给国际友人，留下了很多佳话。

传统北刘动物标本制作技艺的传承早期是家族传承形式，刘氏族人耳濡目染，言传身教。从刘树芳起，历经第二代刘树芳次子刘汝溎和四子刘汝英，第三代刘汝溎之女刘雁，传至第四代刘汝溎长孙刘嘉晖。

本人与刘嘉晖的相识还是在2014年申报北京市级非物质文化遗产代表性项目名录期间，有专家对于北刘标本的原料是否是宰杀活体动物而来有所质疑，本人就所了解的标本知识做了解答，但是专家还是对于是否与动物保护理念冲突有所担心，便问询项目申报人刘嘉晖。于是我们就相识了。后来，在推荐国家级非物质文化遗产代表性项目名录的时候，本人参与了申报材料的修订工作，2018年8月初前后，进一步对北刘标本制作技艺进行了调查。

记得8月初从四川到苏州开会途中，在行进的高铁上接到了刘嘉晖的电话，就北派技艺的传承状况进行了交流。调查中了解到，北刘动物标本制作技艺的存续状况发生了一些变化，从刘嘉晖起，北派技艺传承进入大力发扬的新阶段，开始突破家族理念桎梏，广泛收取致力于动物标本制作的外姓青年进行培养，陆续培养出能够独立制作的人才60多位。其中表现突出的有：朝阳区区级传承人张二红，自2010年起一直在刘嘉晖身边学艺，现在已经能够独立制作小型动物标本；黑龙江饶河海关李永久，学成后为单位制作标本，传授动物标本制作技术，同时教授大家认知走私动物；宋立东，辽宁仙人洞国家级自然保护区管理局工作人员，学成后负责单位标本的制作和技术的传播；种宝林，甘肃省武威市天祝藏族自治县疾病预防控制中心工作人员，学艺后回到单位制作标本并传授标本制作技艺；唐松涛，石家庄赛力有害生物防治有限公司员工，学艺后在当地制作有毒动物标本，传授有毒动物知识和标本制作技能；刘敬辉，学艺后协助唐山动物园制作和传播动物标本知识；徐欢，学艺后成立武汉忆友标本有限责任公司，在当地为多所大学及科研单位制作动物标本，为北派技法的传播做了大量工作。

同时，刘嘉晖通过积极参加不同地区政府组织的非遗展演展示活动，为有关机构制作动物标本；利用非遗进校园、进社区活动普及北派标本制作技法知识，开设技能传授课程等活动，不遗余力地宣扬北刘动物标本制作技艺；近年来其影响范围广及北京、天津、河北、内蒙古、东三省、新疆、山西、河南等北方大部地区，以及福建、湖南、江西、广东、江苏、四川等地区。北刘动物标本制作技艺给人们带来的作品，正越来越受到社会各界的广泛喜爱。

有关我国近现代标本制作的文章，以往已有一些人物生平记述和标本制作技术研究的成果问世，也有一些电视纪录片呈现。这些成果，为世人大致了解北刘标本及北刘世家提供了不少宝贵的历史信息。

本书作者珊丹同志长期从事有关非物质文化遗产保护工作，对于北刘动物标本制作技艺，无论是项目本身的历史渊源和存续状况，抑或北刘家族及当代的传承人群体，都有十分深入的了解，为读者详细讲述了有关北刘标本世家的兴衰历史，也从一个侧面映射出在西方近现代科学技术传入中国后，我国北派标本制作技术的发展演进过程。

毫无疑问，以"南唐北刘"为代表的中国近现代标本制作技艺，是我国优秀传统文化中的瑰宝，更是我国非物质文化遗产中重要的一分子。在此语境下，提升对北刘标本制作技艺的认知程度，须对这项技艺做全面的考量。除了对以往有关刘氏家族和技艺本身做表层叙述和研究，还须将其置于其所在的环境中加以认识，因为历史的、人文的诸多环境因素是构成传统技艺存续空间的重要支柱，也是决定传统技艺赓续和发展的要因。

作者深谙文化空间之于非物质文化遗产的重要性，因此，围绕传统技艺的环境因素做了大量的调研工作。创作初期，对技艺的代表性传承人和传承人群体做口述史访谈，查找核对文献；疫情期间，线上与相关人员联络沟通，查证资料。书中如实地反映出了细致扎实的研究基础。有赖于此，本书得以循序渐进地呈现出北刘动物标本制作技艺的技艺特征和文化特质，使读者在阅读中逐步认识到这项技艺的价值所在；同时切实感受到刘氏一脉在技艺赓续的进程中所展现的锲而不舍、精益求精、守正创新的工匠精神的强大力量。

北刘动物标本

标本制作技艺，让我们的世界永远绚丽，让生命中绽放的精彩瞬间得以永恒！感谢珊丹的佳作为我们带来深入详尽的介绍，让我们对北刘动物标本制作技艺有了全新的认识；祝愿这项宝贵的非物质文化遗产传承久远！

2020 年岁末于北京

作者为中国科学院自然科学史研究所高级工程师、中国传统工艺研究会副秘书长。

　　动物的生老病死是一种自然界的客观规律，对死亡动物的有效保存利用是一项现实而又十分有意义的工作。不仅美丽的羽毛可以用作装饰工艺品，绒羽可以用作防寒保温的材料，皮张可以用作皮革制品，骨骼也可以用作艺术雕刻，更重要的意义在于它可以为后人做教学、科普宣传，可以帮助我们进行科学研究。所谓动物标本就是把动物遗体经过各种处理，将其皮毛、骨架或身体器官长久保存，作为收藏、展示或研究用的样品。动物标本是研究动物与人类关系的重要基础资料，也是进行科学普及的珍贵教材。

　　动物的剥制与收藏起源于原始社会，主要用于制造工具、武器和饰物。随着动物学乃至生物学的诞生与发展，标本收藏有了更为鲜明的主题和生命力，也使传统的剥制与收藏成为专门的技术。动物标本制作技艺的作品成果，与动物科学的研究、科学知识的普及、教学材料的提供、野生动物的饲养等紧密相关。动物标本可以为研究机构提供研究素材、为博物普及提供赏习对象、为教学实习提供实物材料、为动物园及标本室陈列提供生态展品，为动物爱好者提供可供欣赏的艺术作品。

北刘动物标本

动物标本制作技艺是一门多学科的技艺，涵盖动物学、解剖学、化学、物理、美术等，是集多种学科的技艺于一身的艺术。中国传统的动物标本制作有南、北两大流派，素有"南唐北刘"之称，其创立的背景不同，在长期实践活动中，各自积累了丰富的经验，形成了自己独特的制作风格，并一直流传下来，代表着中国传统标本制作的一流水平。其中的"北刘"指的就是中国北方源自京城刘树芳一脉所创立的动物标本制作技艺，至今已经历五代人，传承百余年。

◎ 北刘牌匾 ◎

北刘动物标本制作技艺是将丝线、石膏、麻刀等材料，以剥制、防腐、填充、支撑、塑形、整形等工艺技法，将死去的动物还原成活着的状态，制作成标本作品，可长久保存的一种独特手工技艺。北刘技艺纷繁复杂，概括来讲，主要有动物选材、数据测量、皮张剥制、皮张鞣制、填充假体、防腐处理、制作义眼、造型设计、组装缝合、场景制作、整形调整、工艺上色、养护保养等数十道工序。北刘的作品以结构完整、线条优雅、栩栩如生、富有神韵而著称。每个北刘标本制作匠人都秉承敬畏大自然的思想，认真对待每个动物、认真做好每个步骤、认真保存每个标本，努力通过各种各样的动物标本认识更多的动物，了解更多的动物，从而更好地研究动物、保护动物。

北刘动物标本制作技艺特点为剥制操作干净利落，刀法精确、严谨、贴合表皮；假体制作饱满逼真，填充柔软、坚韧、可塑性强；防腐技术出类拔萃，保存长久、安全、拒腐防变；造型艺术写实会意，姿态自然、真实、富有神韵。北刘动物标本制作技艺有较高的历史价值、科学价值、艺术价值、文化价值，已被列为第四批北京市级非物质文化遗产代表性项目名录传统技艺类项目之一。

北刘动物标本制作技艺将保护、饲养、繁殖野生动物与标本的制作融为一体，在制作手法上习惯采用独到的"假体法"，在动物结构的坚固性、造型姿态的准确性、外在环境的适应性等方面优势明显、特色突出。擅长制作中国及一些世界范围的哺乳动物及鸟类标本。应用范围多在博物馆、学校、研究机构等场所，用于科普、展示、研究、欣赏、收藏，近些年逐渐扩大至私人定制范围，扩展了其艺术性。

北刘标本制作技艺的习得，最初跟传统中国特种手工技艺的传承一样，在同姓宗族内子承父业、世代相传，但随着非遗保护理念的深入人心以及社会标本需求量的增加，传承逐渐向师带徒的形式转变，形成了师传道、徒授业的门派承袭结构。

从刘家第一代刘树芳到当今最年轻的一代刘高珺，已历经五代传承，无不苦心孤诣，力求使北刘家族技艺发扬光大。当今的主要传承人是北刘第四代刘嘉晖先生，他在祖辈传统技艺的基础上进行技术创新，无论剥制、防腐，还是假体、造型方面，都较前辈有所提升。同时他还集中精力培养新一代标本技艺人才，至今已带徒60多人。2015年，他被认定为北京市级非物质文化遗产项目代表性传承人。

北
刘
动
物
标
本

北刘标本老字号"清黎阁"致力于加强非遗的理论研究工作，完善技艺理论，挖掘文化价值；保护经典北刘标本作品与技术，供后人参考学习；积极申报国家级非遗项目，提升项目的保护级别；定期宣传展示这项非物质文化遗产，让更多的年轻人认识到这项遗产的文化价值所在；在继承和发扬原有北刘标本制作技艺的基础上，打造与时俱进的文创作品，将北刘技艺商品化，促进手工标本制作的产业升级；发动全社会的非遗保护力量，构建非物质文化遗产保护体系，合力做好保护传承工作；注重文化交流与民心相通，推动共享非遗保护成果。

本书从中国传统动物标本溯源开始，深入剖析了北刘动物标本的形成背景，通过简略介绍"南唐"标本世家而引出"南唐北刘"的历史地位；以历史发展的时间为脉络，提炼出北刘五代传承人四次传承经历所划分的发展历程，全面记述了北刘动物标本的发展史；以制作工具、原料、工序为线索，详细说明了禽类、兽类、爬行类、鱼类、昆虫类、骨骼类等标本的制作方法；整理概括了北刘动物标本的技艺特点与遗产价值；总结分析了该技艺的存续状况与保护发展规划；精练概括了该技艺的历代代表人物；详细介绍了其代表作品。本书是迄今第一本全面记录北刘动物标本制作技艺的综合类书籍。

目录
CONTENTS

第六章

北刘标本代表人物 —— 163

第七章

作品赏析 —— 177

第一章 中国传统动物标本溯源

第一节

史料中的传统动物标本

动物标本指为长期保存动物的外形特征，采取物理、化学等各种手段，对动物整体或部分，进行制作处理的实物样本。动物标本的制作工艺，源于皮毛的剥制保存技术，其渊源最早可以追溯到有文字记载的历史之前。人类将动物毛皮剥下，用盐腌制后保存，之后逐渐发展为将毛皮填充起来，模拟动物真实的外形，供人观赏研究。这项技艺对于动物学具有展览、示范、教育、鉴定、考证、研究等重要意义。

动物标本制作技艺是一门多学科的艺术，涵盖动物学、解剖学、化学、物理、美术等，是集多种学科的技艺于一身的艺术。自原始社会起，动物剥制技术作为人类早期的手工艺行为，便伴随狩猎活动而产生，如遮蔽身体、制作工具、充当装饰等。中国古代饲养动物的历史也由来已久，但受中国传统土葬思想的影响，在我国古代历史上，将动物死后制作为标本的文献记录相对较少。经中国科学院自然科学史研究所的薄树人、汪子春先生研究，主要有两次记载。

第一次记录于元代。文学家、史学家陶宗仪（约1329—1412年，字九成，号南村）于元至正二十六年（1366年）整理汇编《南村辍耕录》共30卷，其中第十四卷中有记载："至正乙巳春（1365年），平江金国宝，袖人腊出售。余获一观。其形长六寸许，口耳目鼻与人无异，亦有髭须，头发披至臀下，须发皆黄色，间有白发一根。偏身黄毛，长二分许。脐下阴物乃男子也，相传云：至元间，世皇受外国贡献，以赐国公阿你哥者。无几何时即死，因剖开背后，剜去肠脏，实以他物，仍缝合烘干，故至今无恙。"文中提到只有六寸长的"人"显然不是现在真正意义上的人，根据文中描述，薄树人、汪子春等自然科学史研究人员推断这是某种低等灵长类动物的标本。文中提及该标本制作于元代"至元"年间，历史上元世祖忽必烈在1264年至1294年、元惠宗妥懂帖睦尔在1335年至1340年均使用过"至元"这个年号，不论此文中指哪个时间段，标本到1365年拿出来售卖时，已经历时20多年，标本仍保存较为完好，足可见当时动物标本制作在防腐技术上已具备一定基础。但将低等灵长类动物描述为"人"，说明这件标本的造型水平仍有待提高。

第二次记录于清代。吴长元（约1770年前后在世，字太初，浙江仁和人）撰写《宸垣识略》共16卷，这是一部根据康熙时期朱彝尊编辑的《日下旧闻》和乾隆帝敕编的《日下旧闻考》两书增删重写的记载北京史地沿革和名胜古迹的书。其中记载有制作熊标本的记录："康熙间，西域贡狮子二，形如图画，后口外打围，遇两熊，人不能胜，召狮子玃之，老狮力尽而毙，小狮继亦逸去，其熊皮实之以草，置雍和宫殿庭。"熊即棕熊，一般体重较大，根据同一书的记载，当时还在这两个熊的标本上悬挂牌子，标明其体重，其中"一（只）重一千三百余斤；另一（只）重八百余斤"。满族历来有狩猎的传统，将战利品制作成标本展示于人，为促进近代动物研究、展示、饲养、繁殖、保护等动物学发展创造了条件。

第二节

北刘标本世家创立背景

一、中华文明的历史积淀

我国是历史悠久的文明古国，在漫长的农业社会历史发展进程中，我们的祖先积累了丰富的生物学知识，产生了《毛诗草木鸟兽虫鱼疏》《救荒本草》《谭子雕虫》《鸟谱》《植物名实图考》等众多的生物学著作。这些著作是我国古人在适应自然与改造自然过程中积累的宝贵经验财富，也是前人传承给后人的宝贵文化遗产，这当中就包括丰厚的非物质文化遗产。可以试想，倘若未发生19世纪中后期的剧烈社会变革，中国的传统仍然未被打破，我国古代的生物学，即当时所称的"博物学"，将继续沿着传统的模式缓慢地向前发展。

二、西学东渐的思想影响

自明朝末年，西方生物学知识就开始在我国不断传播，但内容简单，虽有些西方生物学的书籍被用作教会学校的教材，不过当时教会学校规模小、数量少，所以影响还相对有限。

到了清朝末年，中国国力渐渐衰败，两次鸦片战争迅速改变了中国的历史进程。各国列强纷纷入侵中国，西方列强用坚船和利炮无情地摧毁中华古国深闭固拒的国门，进而荼毒神州锦绣河山，甚至连日本人都在甲午战争中大败清政府，随后的"庚子国变"清政府更是被八国联军打得一败涂地，连慈禧"老佛爷"都落荒而逃。在这民族岌岌可危的历史存亡重要关头，我国的一批社会精英开始清醒地认识到，不思变革，继续抱残守缺就是自寻绝路，只有向西方学习，才能谋求生存和发展。正是在这种沉重的历史压力之下，中华民族开始了向西方列强学习的艰难历程。康有为、梁启超等人鼓动的戊戌变法，尤其是严复翻译的《天演论》、梁启超等人开办的《时务报》鼓吹社会变革，迅速使社会思想形成一股强烈的变革求存之风。当时的学者已经明确认识到当时西方的科学研究的确比较先进，也看到了日本在学习西方进行明治维新后变得逐渐强大。因此，20世纪初叶，中国出现了学习欧洲、日本，振兴农业的局面。西方近代生物学，也包括标本制作在内，正是在这样一种社会背景下，开始被逐渐引进国内，而且以其在农学和医学方面巨大的实用价值迅速被社会各界所认可。一时间，包括标本制作在内的西方近代生物学在20世纪前期的中国风生水起，取代了中国已有2000多年历史的传统"博物"学。

三、西方博物学的广泛传播

鸦片战争以后，我国被迫对外开放，各色西方人不断涌入，最有特点的就是西方传教士的空前活跃，他们以开办慈善事业为名，进一步扩大在华的传教活动，逐渐开始将教育灌输和扩大宣传作为传教的基本手段。他们通过教育来培养信仰基督教的精英，开始兴办教会学校。教会学校普遍开设西学课程，带来的西方生物学知识也随之传播，包括动物学、植物学、人体解剖学等知识。这客观上为西方标本制作技术在我国的传播提供了重要的平台。

为了服务传教事业，教会还成立了印刷出版的相关机构，内容也较以前更为广泛。清光绪三年（1877年），传教士成立了学校教科书委员会（School and Textbook Series Committee），中文名称为"益智书会"，专门统一编订教会学校的教科书。益智书会编写的教科书构成了中国近代最早的一批传授现代科学知识的学校教科书，影响较大。后来清政府施行"壬寅学制"和"癸卯学制"，还选用了其中的部分教科书。客观上讲，教会学校的产生与出版机构的设立促使了西方博物学的广泛传播，从而推动了我国标本制作专家的培养，同时也为我国动物标本的制作积累了一定基础。

四、京师大学堂的正式创建

19世纪末，战争的失败和科举制度的废除，为西方动物标本制作技术的引入扫除了最大的障碍。"西学中源""中体西用"的争论也偃旗息鼓。洋务派通过引进西方技术来改变落后面貌的"洋务运动"宣告破产。一些比较有见识的官员已经开始筹办高等学府，向西方学习，出现了北洋大学堂、南洋公学和京师大学堂等我国最早的一批"大学"，开始了发展科学的艰难历程。

京师大学堂创建于清光绪二十四年（1898年）维新运动之中，是我国第一所由中央政府建立的综合性大学。成立之初，行使双重职能，既是全国最高学府，又是国家最高教育行政机关，统辖各省学堂。京师大学堂的创建，是中国高等教育近代化的标志，其最大特色是在继承中国古代文明的基础上引进西方近代科学文化。其办学方针遵循"中学为体、西学为用"原则，强调"中西并重"，务使二者"会通"，缺一不可。对于西学，又强调西文仅为"学堂之一门"，而非"学堂之全体"；仅以西文为"西学之发凡"，而不为"西学之究竟"。课程设置仿照西方资本主义国家办法，分为普通学科和专门学科两类：普通学科为全体学生必修课，包括经学、理学、掌故、诸子、初等算学、格致、政治、地理、文学、体操10科。专门学科由学生任选其中一或两门，包括高等算学、格致、政治、地理、农矿、工程、商学、兵学、卫生学等科。另设英、法、俄、德、日5种外语，学生凡年龄在30岁以下者必须修一门外语；30岁以上者可免修。

英国传教士傅兰雅（John Fryer）以传教士传教布道一样的热忱和献身精神向中国人介绍、宣传科技知识，以至被传教士们称为"传科学之教的教士"，他曾任江南制造局翻译、益智书会的总编辑，出版过科学杂志《格致汇编》，其中不乏与动物标本有关的科学知识。其中《全体须知》《动物须知》《植物须知》等生物学教科书，被列入了《京师大学堂暂定各学堂应用书目》。

根据清光绪二十九年（1903年）江楚编译官书局按照京师大学堂原本刊的《京师大学堂暂定各学堂应用书目》记载，当时与动物标本制作有关的书目有以下4种，分别是：

1.《动物须知》1卷，英国的傅兰雅著，选自《格致须知》3集本。

2.《动物学启蒙》8卷，英国的艾约瑟译，西学启蒙本。

3.《近世博物教科书》1册，日本的藤井健次郎编、樊炳清译，科学丛书本。

4.《普通动物学》1册，日本的五岛清太郎著、炳清译，科学丛书本。

京师大学堂上海译书局还编译了与标本制作、动物学相关的教科书，命名为《博物学教科书动物部》，共4册。

五、农事试验场的正式设立

据说19世纪下半叶法国传教士、博物学家谭卫道（Fr Jean Pierre Armand David）在北京北堂建立"百鸟堂"，展出了不少他从我国各地收集的珍禽异兽标本，引起了当时人们的极大兴趣。慈禧太后也曾微服私访前往参观，印象深刻，其后不惜重金，收购这批动物标本。

清光绪三十一年（1905年）七月，清政府派时任闽浙总督的端方、载泽、戴鸿慈、徐世昌、绍英5位大臣出使西方考察宪政，预备制定宪法。清光绪三十二年三月二十二日（1906年4月15日），在慈禧太后的授意下，商部（后改为农工商部）就以"富国之道首在兴农"为题，向朝廷奏请了一道折子，要求饬拨官地在京兴办农事试验场，以"开通风气，振兴农业"。光绪皇帝接到奏折后仅10日就同意了这一奏请。

同年10月13日，出使西方诸国考察归来的端方等人虽然宪政最终没有学来，但是却有一些其他收获，考察后上折奏陈欧美各国"导民善法"，"曰图书馆、博物院、万牲园、公园四事"，他们极力推动设立万牲园与公园在内的公共设施。当然，也有学者分析，建万牲园不纯粹是出于改革的考虑，还有一部分原因是为了"讨好"慈禧太后。早先慈禧太后在观看德国汉堡动物园来京的马戏团表演后，就曾有过口谕："我们也要办一个'万牲园'。"其实，在端方等人考察德国期间，他就已经买了不少动物。一向喜好动物、爱养宠物的慈禧太后朱批"知道了"，便准奏建设。同时，拨银10万两，命商部负责筹建。在清廷的规划中，万牲园是农事试验场建设的一部分。

尔后，商部便选择了西直门外内务府奉宸苑所管辖的御园——乐善园，连同旁边的继园，还有附近的广善寺、惠安寺，以及两园、两寺附近的部分官地，共计71公顷的土地开辟为农事试验场。之所以选择这一带，主要是因为这一带土质肥沃、泉流清冽、交通便利，作为农事试验场最为适宜，尤其是乐善园和继园，更是来头不可小觑。

乐善园是明代的皇室御苑，清初赐给康亲王杰书作为私人花园，北靠长河、风景优美，本取意"河间为善最乐"之语，但后来被长久废弃。清乾隆十二年（1747年）重修乐善园，因为乾隆皇帝经常要行船至畅春园向太后问安，而乐善园恰是龙船必由之地，为了便于皇帝中途休息，便将其改为行宫，并御笔题名"乐善园"。清乾隆十六年（1751年），乾隆皇帝为了庆祝皇太后的六十寿诞，又在乐善园内建倚虹堂一座，用于皇太后中途吃饭、休息。除此之外，行宫内还有各种亭台楼阁、精舍敞宇、奇花异草、小桥流水，可称得上美不胜收。仅以乐善园为题，乾隆皇帝就写了17首诗，而以其内部景点为题的诗竟多达37首，可见乾隆皇帝对乐善园情有独钟。

继园也是一代名园，该园几易其主、几度更名，曾用过邻善园、环溪别墅、可园、继园等名称，但最为人熟知的还是"三贝子花园"。一种说法源自清李慈铭（1830—1894年，字爱伯，号莼客，室名越缦堂，晚年自署"越缦老人"）在《越缦堂日记》中记载："可园，都中人呼'三贝子花园'，相传为'诚隐亲王'赐邸。"清乾隆时期该园称作邻善园，其主人为诚隐亲王允祉的孙子永珊，允祉是康熙皇帝的三皇子。但允祉一生从未被封为贝子，所以又有第二种说法，认为这里是乾隆朝大学士傅恒三子福康安贝子的私人园邸。

商部所选的这片土地就是现在的北京市西城区西直门外大街137号，即北京动物园所在地。就这样，中国近代历史上第一个"农业科学院"即"农事试验场"，附带着"动物园"即"万牲园"就此设立。农事试验场建成后，由农工商部参议上行走、候补三品卿、内务府员外郎诚璋（满族，字裕如）任总办。

万牲园位于农事试验场的东南侧，占地1.5公顷。其四周以围墙及河

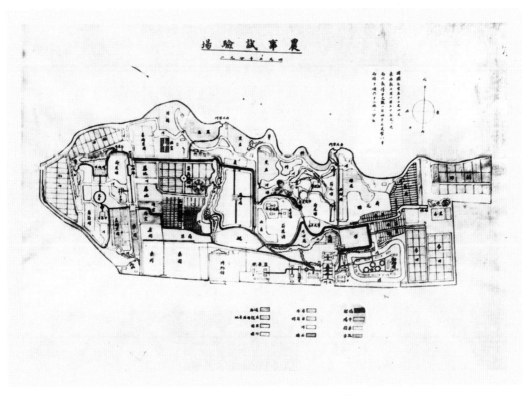

◎ 光绪时期农事试验场布局图 ◎

◎ 农事试验场入园的东门 ◎

◎ 清农事试验场总办诚璋 ◎

水相隔，西、北处各有一座木桥与外相连。在筹建农事试验场之初，慈禧太后就曾垂训："拟选取各种鸟兽鳞介品种，选行豢养陈列。"端方赴欧美考察宪政时，就曾命令驻德参赞从德国汉堡的动物园订购野兽及禽鸟，花费了2.9万多两白银，得知京师欲建农事试验场后，决定将这批动物转运至京，赠送给农工商部。这批动物品种丰富，包括：象、虎、豹、熊、狮、鹿、野牛、斑马、袋鼠、猿猴、鸵鸟、鹭鸶、天鹅、鹦鹉等，总计130多只，随动物而来的还有两位高薪聘请的德国饲养人员。根据清光绪三十三年四月二十七日（1907年6月7日）的《大公报》所报道的这段历史，端方选购的各批动物共计59笼运送回京，其中有"大象一只，斑马一匹，花豹二只，鹿八只，各种猿猴三十八头，大狮二只，老虎二只，袋鼠四只，羚羊一只，塘鹅二只，驼羊一只，野牛一匹，鸵鸟四只，仙鹤六只，天鹅十四只，美洲虎一只，大熊四只，美洲狮类大兽二只……"这批动物先是于清光绪三十三年四月二十五日（1907年6月5日）运至塘沽，两天后抵达京城。当这些动物抵京后，因农事试验场尚未完全竣工，所以只能暂时寄养在农事试验场附近的旧庙广善寺之内。于是寺庙的佛像被移走，在殿前安装起铁栅栏，把运来的珍禽异兽都放置其中。除了这一批动物，农工商部还从海外购买了一批禽鸟，有白鹤、凤头鹅、鹜、山鸡、凤头鸭、鸳鸯、山枭、雁等数十种鸟类，国内各地的官员和出使各国的大使也呈送了各种珍兽异禽。后来，这个临时寄养的广善寺也划给了万牲园。

清光绪三十三年六月初十（1907年7月19日），皇家主持修建的动物园——万牲园，竣工落成，先于农事试验场对外开放，门票铜圆20枚，儿童、跟役减半，男、女游客分单双日入园。由此也可以看出当时虽然开始出现效仿西方的风气，但"男女之大防"仍是头等大事。当时的万牲园内设动物园、植物园、蚕桑馆、博物馆、茶馆、餐厅、照相馆等，当时的报纸也赞叹为"博大富丽，包罗万象，为北京三百年来，中华二十一省，所没有见过的"。之后在清光绪三十四年五月十八日（1908年6月16日），农事试验场也正式竣工，并正式售票对外开放，接待游人，万牲园按照规划作为农事试验场的一部分。

万牲园是中国真正意义上的第一家动物园。这里的动物来自世界各国，千姿百态、无奇不有，对于封闭已久的中国社会来说，万牲园的对外开放无疑是一件非常轰动的事情，引得千万游人竞相参观。一首描写当时热闹景象的《竹枝词》这样写道："全球生产萃来繁，动物精神植物蕃。饮食舟车无不备，游人争看万生园（因万牲园展出各类野生动物，'万牲'不足以概括，因此后来常被'万生园'所代替）。"

建成之后，清廷还敕令各省上供各地的特产动物。据清宫档案记载，清光绪三十三年（1907年）十二月，浙江布政使喻兆蕃解送山鸡、水鸭、水獭、野猪等动物；清光绪三十四年（1908年）三月，广东工商局派知县曾昭声呈解琼州鹦鹉1对，琼州猴子1只，崖州飞蛇2对，海鹤1对；清光绪三十四年（1908年）四月，福建农工商局派候补把总林兴解送画眉2只，白鹦鹉1只，白燕4对，香雀1对，鹿1只，猴1只，松鼠1只；清光绪三十四年（1908年）六月，东三省总督徐世昌将奉天海域所产动物解送北京，有鹰、青燕鸟、花纹鸟、叫天鸟等。

清光绪三十四年（1908年）四月，慈禧太后在光绪皇帝及后妃的陪同下，一起参观了当时尚未对外开放的农事试验场，并游览了万牲园，她对万牲园中饲养的形形色色的珍稀动物极感兴趣。这次，她也见到了北刘动物标本制作技艺的第一代传承人刘树芳，看到他剥制标本极为娴熟，大为高兴。游览后，慈禧太后当场宣布给园内的全体员工赏白银1000两，后来她还把自己非常喜爱的1只小猴子赏给了万牲园。自此以后，王公大臣们为了讨得慈禧"老佛爷"欢心，也纷纷把自己的宠物送到了万牲园里，其中，就有当时体仁阁大学士那桐送的锦鸡、首席军机大臣奕劻送的鹿、农工商部大臣载振送的石猴、直隶总督兼北洋大臣袁世凯送的寿星猴等。有了慈禧"老佛爷"的抬爱和众位王公大臣的追捧，经过精心饲养，万牲园内的动物数量越来越多，品类更加齐全。根据清宣统元年（1909年）《农工商部章程》所记载，万牲园内"建有兽亭三座、兽舍四十余间、鸟室十间，水禽舍、象房、鸟兽繁殖场及动物标本陈列室各一所。展览动物共约八十余种七百余只"。

除端方从德国购入的动物、王公大臣捐赠的动物，还有大量从全国各地贡选进京的动物，其中，不仅有我国特有的动物物种，还有原产于非洲、美洲、大洋洲、欧洲等各地的鸟兽。为了饲养好这些珍贵动物，为清皇室提供更好的游览体验服务，清政府除了继续聘请从德国汉堡动物园来的两名饲养技师，还特别聘请了刘树芳、许庆常担任动物管理员，并跟随德国技师勒克学习、交流动物管养技术。

农事试验场在创建之初，就选定了园中一处景点——荟芳轩，作为专门的"动物标本室"。这里的建筑形制为中式单排九开间房屋，外有一圈栏杆，门窗上方都装饰为圆拱形。这里后来就发展成为中国皇家官式标本制作的御用场所。

初创时，刘树芳、许庆常两位动物管理员也同时从事着标本制作的工作，这正是刘树芳自儿时起就钟爱并学有所长的一项技术。他就是从这里——清王朝设立堪称皇家行宫的农事试验场、慈禧太后厚爱的万牲园，开始了"北刘动物标本制作技艺"的创业之路。后来许庆常不幸因故早逝，刘树芳除了担当起饲养、配种、助产等动物管养工作，更是在自己热衷的标本制作方面精益求精。正是在他的推动下，中国的动物标本制作事业实现了从无到有的转变。刘树芳就是北京城赫赫有名的"标本刘"，"北派标本"的奠基人，"北刘动物标本制作技艺"的第一代创立者。

作为中国最早的动物园、植物园、农产品改良基地的农事试验场，有着辉煌的过去，但进入动荡不安的民国后，农场的管理每况愈下，直到中华人民共和国成立之后才有所改观。随着局势的变化，农事试验场的命运变得跌宕不安，这里也几易其名，清宣统二年（1910年），农事试验场更名为"北京公园"；1914年改称"中央农事试验场"，由中华民国农商部管理；1928年改称"北平市农事试验场"，仍属国民党中央管辖；1929年改组为"国立北平天然博物院"；1934年11月博物院改由北平市政府管理，改名为"北平市农事试验场"；日本侵占北平后，一度成为日本兵营，场内的建筑物遭到严重破坏，农事试验场于1938年10月被撤销，其房地、器具分别移交日伪实业部、北京市苗圃及北京市林场；1941年再度改称"实业总署园艺试验场"，但建场后不久即被日军

◎ 农事试验场标本室——荟芳轩 ◎

◎ 今日北京动物园荟芳轩 ◎

占领，被迫停止业务；1945年8月，日本帝国主义投降后，该场恢复业务工作，改称"北平市园艺试验场"；1946年再次改名为"北平市农林实验所"。直到北平和平解放后，北京市人民政府于1949年2月接管了当时的"北平市农林实验所"，这里才最终得以获得新生。当时因其已不具备农林实验的条件，经过整修、改造和绿化，于1949年9月1日定名为"西郊公园"，北京市随后开始了对园内的大规模基础建设，至1954年，西郊公园内先后建成了猴楼、鹿苑、黑白熊山、小动物园、鸣禽馆、象房、猛禽房、狼山、水禽湖等动物展览馆舍，并开始了与国外进行动物交换的活动。1955年4月1日，经北京市人民委员会批准，正式定名为"北京动物园"，一直沿用至今。

虽然农事试验场在清末与民国时期，伴随着中国近代史上的苦难历史，度过了一段艰难的时期，但就是在这里，刘树芳为了钟爱一生的事业坚持了下来，开启了他为北方刘家标本制作技艺开宗立派的艰辛历程。

第三节
南唐标本世家介绍

16世纪前期，葡萄牙人航海来到我国广东沿海，和中国展开贸易，后来其他西方国家接踵而至。出于商业和学术等诸多目的，西方人千方百计地从我国搜集有关动物资源的情报资料，进而大举在我国收集动物标本。他们的这类活动，既给西方带去了大量的生物资源，也大大促进了西方动物科学的发展，同时也在一定程度上激发了近代生物动物学在我国的萌芽。

南方唐家，第一代创立者是当时的一家之主唐春营。他早期是福建省福州港湾的渔民，擅长打猎，爱好捕捉鱼、鸟等动物，并通过摸索，常将捕到的漂亮鱼、鸟、小动物等尝试制作为"标本"，在乡邻间小有名气。

清光绪二十二年（1896年），唐春营的两个儿子唐启旺（又称唐旺旺）、唐启秀受雇于来华工作、考察的欧洲动物学家赖陶齐（J.D.D. La Touche），为其采集并剥制鸟类标本。赖陶齐为了收集鸟兽标本，曾向唐家人传授了欧洲的动物标本剥制技术，此后，唐家便走上了以采集和剥制标本为生计的道路，依靠这个手艺养家糊口。1930年之前，唐家主要在家乡附近从业，发展比较顺利。但1930年之后，由于赖陶齐已回国，受当时中国混乱的战争环境影响，唐家被迫离开生活的故土，重新找寻生路，经历了一段举步艰难的生活时期。直至中华人民共和国成立后，唐家的生活和标本制作才得以保障，并得到行业内的普遍认同，"南唐"标本制作被公认为中国南方标本制作的典型代表。

唐家在早期的动物标本采集与制作中，主要集中在考察福州附近地区的鸟类，特别在武夷山一带收集到大量鸟类品种，之后又去往广东、浙江、江苏、山东等沿海地区进行考察与采集，并跟随海关运送粮食与蔬菜的船只，登上江苏的沙卫山岛（现佘山岛）等岛屿，观察和猎取到

北刘动物标本

南来北往的大量珍稀迁徙鸟类。

赖陶齐清咸丰十一年（1861年）出生，清光绪八年（1882年）21岁时来到中国从事海关工作，1920年退休回国，在中国工作和生活了38年。他是鸟类爱好者，工作之余行走于河北、山东、福建和广东等省份，观察鸟类。他以唐家为其采集制作的鸟类标本为素材，出版了一套动物学界的著名书籍——《华东鸟类手册》（原名 *A Handbook of the Birds of Eastern China*，另译为《中国东部鸟类手册》），该丛书共上下两册，为了感谢唐家标本采集与制作的工作为其研究所做的贡献，赖陶齐在该书的扉页上印上了唐家的全家福照片。他总是昵称唐启旺为唐旺旺，因此唐启旺又常被业内人士称为唐旺旺。

清光绪三十二年（1906年）至1922年，在中国这段艰难的历史上，唐启旺为亚洲文会博物院以及徐家汇博物馆（后更名震旦博物馆）整理、采集、制作动物标本近16年。1922年以后由唐启旺的儿子唐仁官接任其在亚洲文会博物院的工作。1921年，唐仁官在该博物院院长索威比指导下，制作了一套中国鱼类标本，成为该博物院的珍品陈列。唐仁官不但擅长制作鸟类标本，而且精于禽鸟分类。

唐家后代几经努力，不断提升了唐春营的制作技法，形成独特的家族标本制作技艺。唐家始终把采集、观察与标本制作融为一体，独自开辟出一条采集与标本制作的谋生之路，同时，为了便于采集标本，独自设计了猎枪和研制弹丸。

唐家在制作手法上，主要采用填充法制作动物标本。具体地说，唐家的制作方法一般不保留鸟类的肱骨；通常采用3根铅丝串连法，即头尾1根、两翼1根、两腿1根，若不做展翅姿态，还可取消两翼的支撑，用2根铅丝串连法，待标本成形时，再固定两翼；在制作过程中，颈部、躯干及其他部位完全依靠填充来复原成形。填充物通常选择用稻草、竹丝等材料，按照动物原有的形态进行填充。这种方法具有省时、体轻、易于掌握等优点，能较好地适用鸟类、小型哺乳动物、小型爬行动物的标本制作，同时适于野外工作者和我国南方的气候环境。

唐家五代有30余人，分别在武汉大学、中山大学、北京大学、复旦大学、福建师范大学、中国科学院北京动物研究所、北京自然博物馆、上海自然博物馆、中国农业展览馆等大学、科研单位、博物馆，从事动物标本的采集、制作与教学研究工作。唐家的足迹遍及全国，许多动物新种的获得，也都出自唐家之手，他们为我国动物科学事业做出了有益的探索。

第四节

"南唐北刘"的历史地位

南北两家在我国近代以来的动物标本制作行业中，素有"南唐北刘"之美誉。作为标本世家，南北两家都是我国早期动物剥制标本的创立者，他们在各自的环境中，勇于探索、克服困难、不断创新。在长期的标本制作实践活动中，积累了丰富的经验并形成各自独特的制作手法。

对比起来，两家的技艺手法差异也显而易见。如制作手法上分别擅长使用"填充法"与"假体法"；偏好使用不同的填充物，因此刘家制作的标本重量略大于唐家的标本。虽然两家制作技法风格相异，但一时瑜亮，他们都代表了我国传统标本制作技艺的最高水平。

南方唐派，主要分布在福建南坪、上海等区域。北方刘派，制作技艺起源于清末宫廷，主要分布于首都北京以及北方区域。他们为动物标本剥制技术的传播普及、专业人才的传承培养做了大量富有成效的工作。他们的社会实践成果较早地与我国近代生物科学相结合，并得到了普遍的认可。目前，我国在传统动物标本制作技术上仍保留有他们的特色，他们的技术风格是我国传统标本制作技艺的典型代表，具有较高的历史价值、科学价值、艺术价值与文化价值，"南唐北刘"被并立为中国标本界的两大旗帜。

第 ㈡ 章

北刘标本发展史

第一节

开宗立派、独树一帜，创建"清黎阁"

北刘创始人刘树芳，号稚泉，满族正蓝旗人，清光绪十八年（1892年）六月生于直隶省宛平县一个普通家庭。早年曾就读于清政府为旗人开设的八旗子弟学堂，国文程度也不错，还写得一手工整的小楷。他长着一张标准的旗人脸，为人十分和气。曾担任万牲园园长的夏元瑜晚年回忆这位与他共事的朋友时，说道："标本名家刘树芳默默地工作了20多年，他是我的益友，也是良师。……他只知工作，不知钻营巴结之道……我多年以来对他心仪不已。"正如夏元瑜所言，刘树芳就是这么一个默默耕耘的人。他勤恳一生、清贫一生、执着一生。

刘树芳自幼对动物有着浓厚的兴趣，因喜爱小动物常常对因故离世的小动物怀有难舍的心情，也常常自己动手，磨制剥皮刀具、调配防腐试剂、研究剥制手法、尝试造型支撑，试图将离去的小动物制作成"标本"保存，虽当时的水平相对有限，但几经摸索钻研，他还是找到了自己独特的处理方法，并在八旗子弟圈中初露头角，同学们都钦佩他的心灵手巧，这段不寻常的经历为其日后成功服务宫廷，顺利进入皇家动物饲养管理机构工作奠定了坚实的基础。

19世纪末20世纪初，正是西方学术思想向中国传播的"西学东渐"之风再次兴起之时，教会学校开设了生物专业，清政府也开创了新学，设立博物课程，清光绪三十三年（1907年），京师大学堂开设"制造博物品实习科"，特地从日本聘请教习2人以及助手3人，其中有一位日本标本制作教师松下先生，为学堂的学员传授西方新派知识，包括制造博物模型、标本和图画等课程。刘树芳此时完成了在八旗子弟学堂的学习，随即转入京师大学堂制造博物品实习科。虽然万牲园已经开建，但由于当时农事试验场其他附属设施尚未完全建成，场内当时没有专人制作标本，所以死亡的珍贵动物都要送至京师大学堂进行剥制。刘树芳初进实习科学习数天，就正好赶上农事试验场的万牲园送来一头死猩猩，在京师大学堂制造博物品实习科老师的指导之下，刘树芳有幸与班上的其他学生一起第一次解剖剥制了大型动物标本，成为中国最早一批受过专门培训的标本制作技师。这段经历给予了他充分施展的空间，使他不断演练提高标本制作技术，也汲取了"西学东渐"的文化精华。

清光绪三十四年（1908年），农事试验场正式建成前夕，虽尚未全部完工，但慈禧太后、光绪皇帝两次率后妃到颐和园避暑，都途经此地，并在农事试验场驻跸。一次，慈禧太后与光绪皇帝驾临巡视游览万牲园。在游赏的过程中，正巧赶上在这里工作近一年并即将回国的德国技师勒克来找刘树芳和另一位管理员许庆常一起交流西方的动物标本剥制技术，刘树芳当时正在制作一只喜鹊标本。慈禧太后见了一时兴起，便坐下来观看。此时的刘树芳，已经完成初期的摸索与积累、在京师大学堂接受过专业系统的学习、在农事试验场工作中反复的演练与提升，剥制手法已经相当成熟。当时，一张剥下的喜鹊鸟皮在他手里上下翻飞，不多会儿工夫便成了一只立在枝头栩栩如生的喜鹊。慈禧太后十分惊喜，将这件喜鹊标本拿在手里把玩许久，并当即下旨："日后园中凡有鸟兽鳞介亡毙者，尔等皆剥制标本，陈之于室，以供众人观览。"此后，刘树芳便成为慈禧太后指定的皇家宫廷标本制作技师，正式走上了专业为宫廷制作动物标本的道路。一提起他，后来清宫里出来的老人几乎都知道，说他是"六宫里玩儿玩意儿的"，那一时期几乎所有的宫廷标本都出自他的双手。北刘动物标本制作技艺成为一种宫廷艺术形式的同时，也因八旗子弟的喜爱而逐步带来了热络的民间市场需求。

同年冬，慈禧太后离世，摇摇欲坠的清王朝仅维持了三年多，1912年2月12日清宣统皇帝退位。1912年4月，北上就任农林总长的同盟会领袖宋教仁先生住进了农事试验场内的鬯春堂，在这幽静的环境中开展创建国民党的工作。工作之余，他也常常会在试验场里四处走走，有几次转到了动物园，便坐下来和当时还在继续担任管理员与标本制作技师的刘树芳聊聊天，或者是观看他制作的动物标本。4个月后，宋教仁先生将要回湖南老家省亲，刘树芳答应为他制作一只雄鹰展翅的标本，等他

北剥动物标本

◎ 刘树芳（后排右一）与农事试验场总办诚璋及全体人员合影 ◎

回北京时赠送给他，可惜事与愿违，宋教仁先生不幸遇难，被袁世凯派人刺杀于上海，再也没能回到农事试验场。人们于1916年6月在鬯春堂后面建立起一个纪念塔，塔身用艾叶青石所建，高约2米，刻有"宋教仁纪念塔"6个大字，刘树芳总是感念故人，每到清明时节还常常来这里凭吊。

中华民国建立初期，农事试验场被更名为"农商部中央农事试验场"，1916年设置动物剥制课，刘树芳参加教学工作，开启动物标本制作讲习的先河。1928年，中央农事试验场又改为农矿部直辖的"北平农事试验场"，原来的咖啡馆被改建为动物标本室，室内展出虎、豹、狮、兕、纹马、猩猩、纹狼、箭猪、袋鼠、鸵鸟、羚羊、獐、狍、狐、貉、海豹、花蟒及各种禽鸟，共计700多种，这些作品均出自刘树芳之手，这么大体量的动物标本制作、展示量，使得农事试验场的标本室在当时名声大噪。这一时期所出版的《中央农事试验场图》《北平指南》《北平农事试验场图说》等文献资料，都介绍了北平农事试验场动物标本陈列室的位置和内容。

20世纪20年代中期，除日常工作时制作大量标本，为了维持一家人的生活，刘树芳还利用工作之余的个人时间，制作标本进行售卖，正所谓"维持生活，于公余之暇私人制标本售卖"。因为当时刘家老宅就位于北京西直门新街口小五条，所以刘树芳就在小五条附近开创了自家的标本品牌旗舰店——"清黎阁制造标本处"，打响了"清黎阁"的标本品牌知名度，刘树芳也成为中国开设标本营销机构的"第一人"。由于他技艺精湛，当时许多高等学府、研究机构还有不少个人都慕名而来，求购他制作的动物标本，一时之间门庭若市，来求购标本者络绎不绝，使其名声大噪。不久，他又在中华书局设置了一个"清黎阁标本"代售处，成功将自己创立的标本品牌提升到运营的新高度。

1929年7月，农事试验场经国民党中央改组为"国立北平天然博物院"。同年8月，国民政府行政院决议以北平大学的研究机构为基础组建国立北平研究院，并于9月9日宣布正式成立，由李煜瀛任院长，隶属于教育部，下分行政事务与研究机构两部分，研究机构分理化、生物、人地三部，设物理、化学、镭学（后改称原子学）、药物、生理、动物、植物、地质、历史等9个研究所和测绘事务所。除药物、镭学两研究所设于上海，其余各所均设在北平，这就是中国科学院前身。而刘树芳所在的国立北平天然博物院当时就与此国立北平研究院在学术方面进行合作，博物院内的设备供研究院研究使用。此后，这里的野生动物标本剥制和陈列都已经颇具规模，动物标本陈列室由原来的1间发展到了4间，搬到了位于原来广善寺旧址处的农林传习所，改名为"国立北平研究院生物部动物标本陈列室"。此时的刘树芳已经被聘到北平研究院生物部任职，动物园死亡的动物大多被送到这里制作成标本，我国早期博物馆的雏形也就在这里出现了。在长期的工作中，刘树芳通过日复一日的实践活动，逐渐摸索技艺、积累经验、总结方法，形成了一套自己独树一帜的标本制作技法。

北剥动物标本

1934年，中法教育基金委员会、国立北平研究院和国立北平天然博物院等三机构共同合作，由国立北平研究院和中法教育基金委员会共同出资，利用国立北平天然博物院的土地建成了一座法式大楼，占地近2000平方米。为纪念生物进化论的先驱、曾在华研究生物学多年的法国生物学家陆谟克（现多译为拉马克），将该建筑命名为"陆谟克堂"，以供国立北平研究院动植物研究所使用。大楼一层、二层为研究室和图书馆，三层专设了标本室。刘树芳这时也搬进了比之前更为宽敞舒适、设施齐全的动物标本室，还拥有了自己专门用以剥制标本的工作室，在这一阶段，他的剥制技术也已经日臻成熟、自成一派。

1934年冬，国立北平天然博物院又划归北平市政府管辖，恢复其原名"农事试验场"。这一时期，刘树芳领导制作了猩猩、狮、鸵鸟、蟒、鳄鱼等1000多种中外动物标本。在他的努力下，农事试验场及动物标本陈列室已经相当出名。1935年，由马芷庠编著、张恨水审定的《北平旅行指南》出版了，其中详细列出了北平的名胜古迹及各种旅行建议，还为各类旅客贴心地规划了7天左右的游览行程，成为民国时期最热门的旅行读物之一。书中较为详尽地介绍了北平农事试验场的情况，提及动物园时，详细记述了4个展厅所陈列的动物标本："共分四陈列室，第一室陈列哺乳类，有猩猩、猿、猴、狐猿、非洲狮、美洲狮、虎、豹、美洲野牛、纹马、驼羊、大鹿、獐、狍、羚羊、野猪、箭猪、飞鼠、穿山甲、袋鼠及鲸一角（指一角鲸）等模型；第二室陈列鸟类，以鹦鹉类为最富（丰富），他如食火鸡、非洲鸵鸟、澳洲鸵鸟、印度鹤等皆在焉；第三室陈列爬行及两栖类，有大蟒、南洋鳄鱼、印度鳄鱼、扬子江鳄鱼及蛇类、龟类、鲵鱼、蝾螈、蛙类多种；第四室陈列鱼类，有在烟台获得之大鲸鲛，长凡一丈五尺。"此外，还特别说明了动物标本陈列室规模之大，记载道："统计品种在一千以上，多系本场动物园死亡者，自行剥制，陈列于此。游观动物园而不见当年故物者，可于标本室得之。"此时的农事试验场，全场面积从原来的854亩已经扩展到1062亩，"跨高梁河，为玉泉下流，夹岸杨柳，扁舟上下，风景绝佳"，成为北平当时名噪一时的旅行胜地及文旅融合的著名景点。

◎ 刘树芳和他制作的鲸鲨标本 ◎

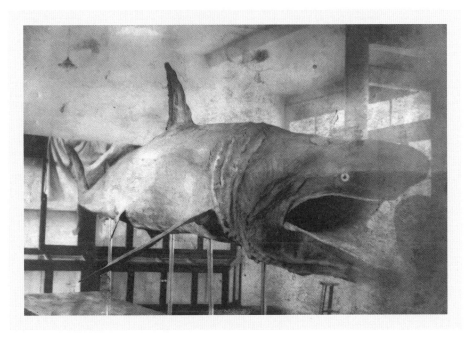

◎ 刘树芳制作的鲸鲨标本 ◎

◎ 刘树芳制作的鸵鸟与禽类标本 ◎

　　这个阶段，北刘动物标本制作的事业进入了繁荣期，制作手法日益纯熟、技艺特点自成一派、艺术风格发展完善，与源自我国南方的标本唐家一道被并称为中国标本制作传统技艺领域的两大世家，享有了"南唐北刘"的美誉。

中华人民共和国成立前，农事试验场、北平研究院动物学研究所、北京四中、中国大学（原国民大学）、长白师范学院、北京师范大学等多家单位都收藏了一些刘家制作的动物标本，北刘动物标本制作的事业达到第一个高峰。

继往开来、百折不挠，发扬"家族技"

刘树芳一生共育有4子4女。8个子女都曾跟随刘树芳学习过家传的动物标本制作技艺，但其中学有所成、堪称代表的是二子刘汝溎（guì）和四子刘汝英。

◎ 刘树芳一家1952年在来今雨轩拍摄的全家福，前排自右向左分别是刘树芳及妻子夏秀芳；后排是8个子女，自左向右分别是：刘汝英、刘汝元、刘汝溎、刘汝楫、刘汝娴、刘汝珍、刘汝琴、刘汝云 ◎

　　1935年，刘树芳的次子刘汝溎进入北平的中法大学，作为练习生学习标本制作。中法大学创办于1920年，由蔡元培任首任校长。中法大学设陆谟克学院，1928年设生物系，由刚从法国学习动物学回国不久的陆鼎恒主持。许多留学法国归来的生物学家都曾经在此担任教职。由于该系与北平研究院动物研究所、植物研究所有密切联系，就某种意义而言，它是北平研究院生物所的青年人才培养基地。

　　1937年，经过两年积累的刘汝溎完成学业，子承父业，调到农事试验场动物园，成为一名练习生。他一边跟随父亲学习家传的"北刘动物标本制作技艺"，一边又担任着动物园管理员的工作，迅速成长为有潜质的第二代传承人。

　　卢沟桥事变后，日本侵略者残忍践踏北京城，当时园内动物仅剩下

◎ 刘汝湛青年时期制作标本 ◎

100余种，国民政府已经无暇管理。刘家的标本事业遇到前所未有的困难，生活也日渐贫苦，刘树芳被迫暂时离开了农事试验场。

1939年，北平大学农学院生物系聘请刘树芳前去担任标本剥制技术员，他欣然答应了邀请，同时还让自己的次子刘汝湛也共同前往，让他跟随自己在实践中接受历练，借此机会，培养刘汝湛成长为一名思想成熟、技术精湛的优秀标本制作师。

1940年，刘汝湛已经完全能够胜任北平大学农学院生物系的标本剥制工作。此时，刘树芳选择再次回到了位于农事试验场荟芳轩的动物标本陈列室工作。

1943年9月30日，当时的日伪华北政务委员会实业总署假称"查该场动物园内所饲养之狮、豹计有十数余只，近闻患病者众多"。于是下令："为免除传染起见，应即一律处置。"其实，除了一对年龄较大的狮子和一只老豹，其余动物当时都处于壮年，里面还有一只尚在吃奶阶段的小狮子，饲养员舍不得将它们处死，但日本宪兵队几次来人督办之后，动物园方迫于武装压力，无奈在11月中旬将这批狮、豹全部毒杀。刘树芳、刘汝湛父子二人不得已，只能满含着眼泪将这些亲自喂养、视作朋友的狮、豹制成惟妙惟肖、姿态鲜活的标本。

1945年2月，农事试验场因被日军强占而被迫关闭，刘树芳将较为珍贵的13只小型动物寄存到当时称为中央公园的中山公园中，剩下的几百件动物标本，仅留了两三名工人看管。此后试验场更是每况愈下，日渐凋敝，仅剩的一些牛、羊、马、鹿及禽类也多被人窃盗、宰杀殆尽。

在这段最为艰难的岁月里，刘树芳只能暂时放弃家族的标本产业、放弃自己含辛茹苦创立的"清黎阁"、放弃一家人在北京奋斗来的一切，带着全家老小隐于乡野，迁往江苏徐州避难。刘树芳随后在江苏徐州畜产管理处当了一名处长，刘汝湛则在徐州制茸厂工作，刘家人在艰难中勉强维持着一家人的生计，北刘动物标本制作事业虽然走入了发展的低谷，但此时刘家的第二代却得到了父亲刘树芳更多的关注与培养。

1947年8月，已经被迫关闭多年的农事试验场恢复了旧观，得以重新开放。几处兽亭终于油饰一新，但此时已无猛兽可放，因此只好将刘树芳过去所制作的狮、豹等标本放置于亭中，填补空白，此时的农事试

◎ 刘汝湛（右二）、刘汝英（左二）兄弟喂养蛇 ◎

验场内已经没有动物标本陈列室了。

这一时期，刘家第二代传承人已经呈现出开枝散叶的局面，刘树芳的次子刘汝湛在1946年的时候就已经北上到吉林省，在吉林长白师范学院生物系担任了助理员一职。这里是国民政府时期培养东北地区中等教育师资的高等师范学校。

1949年中华人民共和国成立以后，经卫生部批示，刘汝湛留在长春鼠疫防治所工作，为百废待兴的新中国清除日军侵华滥用生物武器遗留的瘟疫灾难而工作。他一边清理战争遗留的毒害，一边搜集生化战争的累累罪证，并将其制成标本永久保存，向世人昭示日本侵略者犯下的滔天罪行。

1950年春，在长春鼠疫防治所待了大半年的刘汝湛，渐渐熟悉了在这里工作的环境和周围的同事。和他最谈得来的是那里的一位保卫科干部孙大德，此人正是小说《林海雪原》中"孙达德"的原型人物，他为人热情豪爽，刘汝湛常常与他在一起喝酒聊天，谈论当年在林海雪原里发生的种种故事。有一天，刘汝湛随队到大兴安岭深处的原始森林进行野外考察，在密林丛里捡到一只死去不久的大鵟，他随即连夜剥下皮张，把它制成姿态生动的标本，带回来送给了这位友人留作纪念。友人看到这件礼物又惊又喜，还是那种惯有的爽朗，毫不掩饰地大声夸耀道："汝湛，你可真行，这不是'座山雕'吗，这下它可猖狂不起来了。"刘汝湛听完他的话也忍不住哈哈大笑起来。

中华人民共和国成立以后，国家开始恢复对动物园的建设。中华人民共和国成立前夕，北京动物园内仅剩13只猴子、3只鹦鹉、1只瞎眼的鸸鹋。1950年，刘树芳带领四子刘汝英，重新回到阔别已久的北京动物园（当时称为"西郊公园"）工作，为新中国动物标本制作事业的恢复做出了积极的贡献。这时，刘树芳的四子刘汝英也已成长为一位制作标本的行家里手，是当时北京动物园标本室的骨干力量。

1951年，时任越南劳动党（今越南共产党）中央委员会主席的胡志明赠送给我国一头亚洲象作为国礼，这头亚洲象转交给北京动物园。由于当时缺乏大型运输设备，这头象通过火车运至前门火车站后，由人驱

◎ 刘汝英饲养豹 ◎

赶着一直走到北京动物园。因长途跋涉、水土不服，加上当时负责照料大象的人员缺乏饲养经验，这头象抵京后不久就病亡了。园方自然而然想到了刘树芳，他们聘请刘树芳"重出江湖"，主持这头亚洲象标本的制作工作，郑重地将这个重任交给了刘家。刘树芳听到这个消息时也是激动不已，兴奋地接受了这个任务，他深知，自己即将要领衔完成新中国历史上第一件巨型标本制作的任务。他让次子刘汝湉从长春专程赶回北京参与这项历史性的工作。这位钟爱标本制作的老人，为了做好这件作品，带领刘汝湉和刘汝英反复研讨技术难点，制订各种实施方案，并对各方案的可行性进行反复推敲评估，最终决定用废钢铁制作出大象的巨大假体。制作时，父子三人每人手持一根粗大的木棍，一点一点挑起大象剥制下来的外皮往上盖，费了九牛二虎之力，才终于让这头大象栩栩如生地站立在众人面前，并且通过废物利用为国家节约了大量的材料费用。这件标本在制作技术上表现了当时的最高水准。

这时，年事渐高的刘树芳一心想着要在技艺传承上枝繁叶茂，把北刘动物标本制作技艺发扬光大。他不但在标本制作方面开宗立派、独树一帜、贡献突出；在野生动物的饲养、繁殖方面也投入了大量的精力，颇有建树；在传承方面，他也不遗余力。1946年至1952年，刘树芳先后到吉林长白师范学院生物系和北京师范大学生物系担任讲师，讲授生物技术课，把自己一手创制的北派标本制作技艺毫无保留地传授给了年青一代的学子。

　　1950年至1952年间，刘树芳在北京师范大学开设了《剥制学》课程，当时台下的一位学生郑光美，就是在刘树芳的启蒙下走上了动物学教学和鸟类学研究之路，并最终成为我国著名的动物学与鸟类生态学家、中国科学院院士。

◎ 郑光美院士跟刘树芳学习《剥制学》课程习作的黄胸鹀生态标本 ◎

北
刘
动
物
标
本

刘树芳还坚持在北京动物园继续带徒授艺，并带领技艺已经成熟的两个儿子将家传技艺共同传授给牟培刚、王金刚、陈家贤等弟子，为"北刘动物标本制作技艺"的传播和传承人的培养做出了积极的贡献。

刘树芳的标本制作最终达到了炉火纯青的程度，他的标本作品件件富有画意。著名书画家、收藏家溥心畬先生曾收藏了由他制作的一对纯白的长尾练雀（古称绶带鸟，又称寿带鸟），传说这种鸟是"梁山伯与祝英台"的化身，寓意幸福长寿，刘树芳便将其造型为鸟儿站在曲折的松枝上，下有小石和灵芝，宛然扮作一幅国画中的祝寿图，不但造型唯美，富有意味，还体现出寿带鸟背后的文化故事，令人叹为观止。刘树芳的标本作品也成为溥心畬先生艺术创作的临摹源泉。

◎ 晚年刘树芳教授徒弟牟培刚制作标本 ◎

1952年6月的一个夏夜，正在北京动物园办公室里给学生们编写授课讲义的北刘动物标本制作宗师刘树芳，因为突发脑溢血而倒在了书桌上的讲课稿中，与世长辞，享年60岁。刘树芳直到生命最后一刻仍在践行他"标本一生"的初心。

　　刘树芳匆忙地告别了这个世界，还来不及把自己耗尽一生心血创立的北刘标本技艺精华写成文字，留存给世人。可是次子刘汝溎、四子刘汝英深深了解父亲，他们接过北刘动物标本制作技艺的接力棒，继续代替父亲坚守在标本制作的岗位上。此后的北刘动物标本制作世家，就由刘汝溎和刘汝英兄弟两人支撑了起来。

　　抗美援朝战争期间，时任卫生部部长的李德全调刘汝溎赴朝鲜战场及我国东北相关区域，把美国投放的病毒鼠做成标本，用以留下美国人投毒、发起细菌战的罪证。

　　1957年，长春鼠疫防治所、大连生物制品研究所立克次体室、原协和医学院流行病科、医学科学院真菌研究室先后调至北京流行病学研究所，并更名为中国医学科学院流行病学微生物学研究所（现中国疾病预防控制中心传染病预防控制所）。刘汝溎携家眷终于从长春回到了阔别多年的北京，正式调入这里工作，担任标本室主任技师，继续从事着标

◎ 刘汝溎制作的部分"群鼠生活状态剥制标本" ◎

北刘动物标本

本剥制工作。他技艺日渐精进，不仅仍旧保持着野外考察的习惯，还超越了北刘家族一直以来单一制作动物标本的传统，开始涉足医学标本的制作领域。

此时的刘汝英也继承了父亲的衣钵，继续坚守在北京动物园父亲熟悉的标本剥制室里，担任标本技师，主持着标本室的工作。

十余年间，兄弟两人一直在为北刘动物标本制作技艺的发扬光大而努力。他们秉承了父亲认真务实的人生态度，默默地为新中国的标本事业贡献着力量。

1962年的一天，北京动物园里精心饲养着的一匹老白马"寿终正寝"，这匹马属川马品种，个头不大，首尾长187厘米，高只有132厘米，满身白毛中夹杂着少许黑色斑点。这马的身世可非同寻常，它就是曾随人民解放军转战陕北的著名坐骑——"小青马"。当年，它跟着人民解放军跋山涉水，风餐露宿，无论是白天还是黑夜，无论爬山还是下坡，总是特别稳当，特别听话。它虽然个头不大，但力气大、速度快又灵活，性格温驯老实，跑起来也平稳。小青马颇通人性，懂得保护主

◎ 刘汝湘退休前夕的工作照 ◎

人，一次行军途中，它走到一处山崖下就不肯前行，任凭警卫员拍打也一动不动，正在此时，敌机轰鸣着呼啸而过，因为山崖的掩护，一行人马才没有被发现。1949年之后，小青马就交给了北平市农林实验所（现北京动物园），由饲养经验丰富的管理人员代为喂养。年复一年，随着它牙口增大，当年的小青马毛色渐渐变白，成了一匹"老白马"。1962年的一天，它倒地而终。考虑到这匹战马声名卓著、军功显赫，是中国革命的见证，具有重要的历史价值，中央于是决定将其制作为标本保存、展出。这时候回到北京动物园工作的北刘动物标本制作技艺第二代传承人刘汝英，已经承担起标本室的工作重任，他自然而然地成了制作军功马标本的首选人物。听到消息后，他毫不犹豫地接受了这项光荣的任务。之后，他废寝忘食地工作，很快就将这匹宛若生时的军功马标本制作完成了。后来，为了纪念它对中国革命做出的贡献，北京动物园决定将其赠给延安革命纪念馆。1964年8月，延安革命纪念馆派专人将"小青马"标本从北京运回延安，并作为国家一级文物收藏展出。

　　为军功马制作标本，为历史留下珍贵的中国革命见证物，延续重要文物的展示生命，这可以说是北刘动物标本制作家族有史以来最高的荣誉了。然而，1966年刘汝湘、刘汝英两兄弟被迫离开了他们热爱的工作岗位，不能继续从事心爱的标本制作工作。1970年7月30日，刚刚年过40岁的刘汝英不幸离世，北刘动物标本制作技艺的一代大师就这样遗憾地与世长辞了，仅留下刘汝湘继续着心中的梦想。

第三节

守成保业、始终不渝，坚持"手中艺"

刘汝英去世的消息对刘汝湉打击很大，但作为"清黎阁"的第二代传承人，他始终没忘记自己担负着将北刘动物标本制作技艺传承下去的使命与责任。因此他在北平大学农学院生物系、吉林长白师范学院生物系等高校从事教学工作期间，努力传播这项家族技艺，使得北刘动物标本制作技艺在祖国各处生根开花，发扬光大。

除此之外，刘汝湉还悉心培养了自己的女儿刘雁学习家传的技艺。刘雁自幼耳濡目染，对家族这项特有技艺已是相当熟悉。自1957年，跟随父亲刘汝湉来到北京后，一直居住在中国医学科学院流行病学微生物

◎ 晚年刘汝湉（左二）及徒弟 ◎

学研究所的家属院中，也时常找机会去父亲的工作室观察他制作标本的过程。回到家里，还能在父亲的亲自指导下实践家族手艺，就这样日复一日，她的技艺水平也逐渐提高。当时做禽类标本比较多，技艺手法也成熟起来了。

兴趣使然，1969年，刘雁响应国家号召进入内蒙古生产建设兵团后，也没有放弃家传的这项标本制作手艺。在草原上度过的岁月里，她保持着一个动物爱好者和标本手艺人的习惯，常常寻找机会用心观察草原上牛、羊、马等动物的生活习性、姿态动作，这些都成了她日后创作的源泉。

1976年刘雁回到北京时，父亲的单位已于1971年合并调整为中国医学科学院流行病防治研究所，刘雁也有幸进入这里工作。虽然她的岗位是图书馆馆员，没能像她的祖辈和父辈那样，走上专业制作标本的职业化道路，但这并不影响她的传承之路。单位的图书馆距刘汝溎的工作室

◎ 1991年刘雁及其作品《红腹锦鸡》◎

本就很近，仅仅隔着一栋大楼，自己家又与父母家同在一个家属院，家属院也毗邻工作区，这些得天独厚的条件，使她能够终日陪伴在技艺高超的父亲身边，每天都能有大量交流、学习、实践的机会，因此逐渐在兄弟姐妹之中脱颖而出，最终成长为刘家第三代中的佼佼者。

刘汝溎虽然念念不忘父亲对他的嘱托，但他一直没有机会将家传绝学教授给自己的儿子。直到进入20世纪70年代，他的孙辈接连出生，特别是长孙刘嘉晖的出现，才令这位饱经风霜的老人再一次惊喜地看到了北刘标本制作技艺传承的新希望。

刘嘉晖自幼对小动物就充满了喜爱，用他自己的话说，"打小就喜欢动物，从小养狗养鸟，常常上房掏鸟窝，见天在外面跟动物玩儿，

◎ 1974年刘汝溎（后排右一）及其长子刘琪（后排左一）一家（后排孩子为刘嘉晖）、女儿刘雁（前排右一）合影 ◎

不饿肚子绝不回家"。他小时候家住门头沟，那里树木稀少，所以鸟类也少，当时的爱好主要就是昆虫，因此练就了一身捉蜻蜓、捉蝴蝶的本领。一说起这事，刘嘉晖现在回忆起来仍是眉飞色舞："我站在桥上，那里蜻蜓多，一伸手，一蹦，一搂，就能捉到一只。"

1979年，中国医学科学院流行病防治研究所经重新调整，刘汝浤的单位名称又再次改回为原来的中国医学科学院流行病学微生物学研究所。这时，每到周末和寒暑假，刘嘉晖就更开心了，因为他可以住到爷爷家了。位于昌平区的单位自然环境条件好，院子里有很多塔松，鸟类资源丰富，鸟儿看着特别近，因此刘嘉晖观察鸟类的机会也就多了，他渐渐爱上了小鸟。他在8岁多时自己也养了一只小鸟，但是儿时还是经验不足，没有能照顾好，这只鸟不幸病亡了。伤心欲绝的刘嘉晖痛哭流涕，跟爷爷奶奶哭诉自己的心情。隔辈亲的爷爷看到大孙子这副满脸鼻涕眼泪的样子自然心疼，哄着说："爷爷能把你的小鸟变活了，你信不信？"刘嘉晖一惊，愣住了："真的吗？"爷爷笑着说："可是今天不成，只要等上几天，就能活。"过了一周，少不更事、无忧无虑的孩子已经淡忘了这件事，可再次来到爷爷家时，一眼看到了桌上的小鸟标本，惊呆了！在刘嘉晖的一再追问之下，爷爷终于带他去了自己的工作室。从此，刘嘉晖一有机会就会跟着爷爷，去他最喜欢的地方——爷爷的工作室，观察、学习制作标本的方法，刘家的第四代终于也走上了这条家族技艺的传承之路。

当时，刘汝浤的工作室有各式各样的标本，甚至老虎、梅花鹿、金丝熊、熊猫等难得一见的动物标本都有。说起那些标本，刘嘉晖至今念念不忘。年少的刘嘉晖每每来到这里，都很震撼，感觉有吸收不完的知识在等待着他。刘汝浤看到他所疼爱的长孙也终究带着家族的基因，与标本如此机缘深厚，不禁感慨万千，就仿佛看到了自己小时候的样子。人渐渐老了，也总是勾起他的回忆，眼前总是浮现出自己儿时8个兄弟姐妹玩耍着、跟父亲刘树芳学做标本的情景。这就更坚定了老人家不顾年老体迈亲手把毕生摸索的家族绝技全部传授于长孙的意志。

1980年，刘嘉晖亲自尝试制作动物标本。起初是拿死了的小麻雀练

非物质文化遗产丛书

北剥动物标本

手，熟悉之后，就开始制作啄木鸟、鹦鹉等动物的标本，整整练习了一年多时间，才基本掌握禽类动物标本制作的技巧。而后，又开始练习制作刺猬、鱼等动物的标本。他从小就爱钓鱼，当时垂钓而来的战果几乎全都做成了标本。那个时期危害牲畜的动物并不受到保护，所以有时大人们还能得到诸如小狐狸等当时看作有害动物的尸体，这些统统可以给刘嘉晖拿来练手，学习标本剥制的方法。后来随着动物保护理念的逐渐普及与重视，能够得到的动物种类减少了，但是他却因此练就了更精细的制作手艺。就这样，刘嘉晖在耳濡目染间培养出标本制作的兴趣，在举手投足间掌握了家族技艺的真传。

◎ 刘嘉晖18岁时独立剥制鹰标本 ◎

　　青少年时期，制作标本就是刘嘉晖的兴趣爱好，当时他并没有把这项技艺当作自己毕生的事业。但随着标本制作技术日益增进，他也在自己生活的圈子里有了名气。同学们、同事们知道他有这门手艺之后，在结婚时都跟刘嘉晖说不用随份子，而点明了要他送个亲手制作的标本来收藏。这让他成就感满满。

　　北京人素有养鸟的雅好，老话说"文百灵，武画眉"，但是提笼架鸟的大多是上了一定岁数的人，可刘嘉晖19岁起，就养起了画眉。每天一早起来就以提笼遛鸟为乐，每每生人遇到他，都会用地道的北京话问一句："爷们儿，多大了？"刘嘉晖都会得意地一笑道："我，19了！"时间久了，他在当时有名的弘燕鸟市等地也成了一号知名的人物。除了时常有人买鸟、选鸟时慕名找他帮忙，知道他背景的人若是家里死了心爱之鸟，也时常会来找他，希望能够把鸟制作成标本，留下一个念想。就这样，刘嘉晖在不知不觉之中，技艺水平突飞猛进。

这个时期的刘汝溎已经日渐苍老，虽说饱含望子成龙之心又爱孙心切，但逐渐感到自己力不从心的他在传授家族技艺方面还是表现得"心慈手狠"。每次制作标本时，如果哪里做错、有所纰漏，老人家都毫不留情，上来就是一顿极其严厉的批评。就拿制作禽类标本来说，虽然鸟身上往往有很多羽毛，就好似人的头发一样多，但如刘汝溎那般标本制作技艺精湛的人剥制一只鸟只需要不到20分钟，而且掉毛也很少，一般都掉不了10根。而有一次刘嘉晖制作一只麻雀标本，下手稍显缓慢、动作衔接不畅，导致麻雀羽毛脱落较多。老人家当时就看不下去了，上手就往长孙头上打了一巴掌，真可谓教之心切。

20世纪80年代中期，刘汝溎所在单位里有8位专家相继出现发热、出血、充血、低血压休克及肾脏损害等症状，经查实，他们都不幸感染了由黑线金鼠所携汉坦病毒而引起的"出血热"，而刘汝溎就是这8位专家之一。当时我国对这种病毒的认识不足，医疗条件也相对有限，没过几天，就有4位专家不幸离世，后来的2年多时间里，又相继送走了3位。虽然仅剩的刘汝溎勉强支撑了过来，但长期的药物治疗，还是把老人家折腾得够呛。从此以后，他的身体每况愈下。

一天，刘汝溎语重心长地对长孙刘嘉晖说："'北刘标本'凝结着你太爷、爷爷和你四爷爷，还有许多刘家人近百年的心血，学会以后不要忘了先辈的创业之苦，有朝一日把'清黎阁'的祖宗牌匾重新挂起来，让刘家的标本事业复兴起来，也算是不负先人啊！"

1990年2月一个寒冷的夜晚，刘家承上启下的重要代表人物、北刘动物标本制作技艺的第二代传承人刘汝溎，在住院期间突发心肌梗塞，悄然离世。几经沧桑的北刘标本制作技艺传承的家族重任正式传递到第

非物质文化遗产丛书
Intangible Cultural Heritage Series

北刘动物标本

三代传承人刘雁、第四代传承人刘嘉晖的身上。

刘汝溎故去后，长孙刘嘉晖沉寂了一段时间，他经过思考，逐渐认识到自己肩负着沉重的使命。而这一时期，也总有身边的朋友通过各种渠道联系他，定制各种类型的动物标本。刘嘉晖随之也萌生了重塑祖先辉煌基业的想法，家族几代人的努力不但不能荒废在自己手上，而且还要发扬光大，让这项非物质文化遗产走得更远。

2006年6月29日，刘嘉晖在他36岁之年，登记注册成立了"北京清黎阁标本有限公司"，以一种现代企业形式延续了祖先创始的京城老号"清黎阁制作标本处"，致力于北刘标本制作技艺的传承与发展。

公司刚起步时，资金很有限，刘嘉晖在位于北京市朝阳区松榆东里5号楼的中共北京住总集团有限责任公司委员会党校租了两间屋，作为传承以及办公的场所。同时，他还在互联网上建设了"中国北刘标本世家"网站，通过互联网传播北刘动物标本制作技艺。

经过这一时期的磨炼，第四代传承人刘嘉晖制作的标本作品已经达到造型逼真的高仿真水准。有一次，他制作了一只鸽子标本，临走时随手放到了工作室的小柜子里，柜门有半扇未关，第二天却发现鸽子倒在

◎ 刘嘉晖制作鸽子标本 ◎

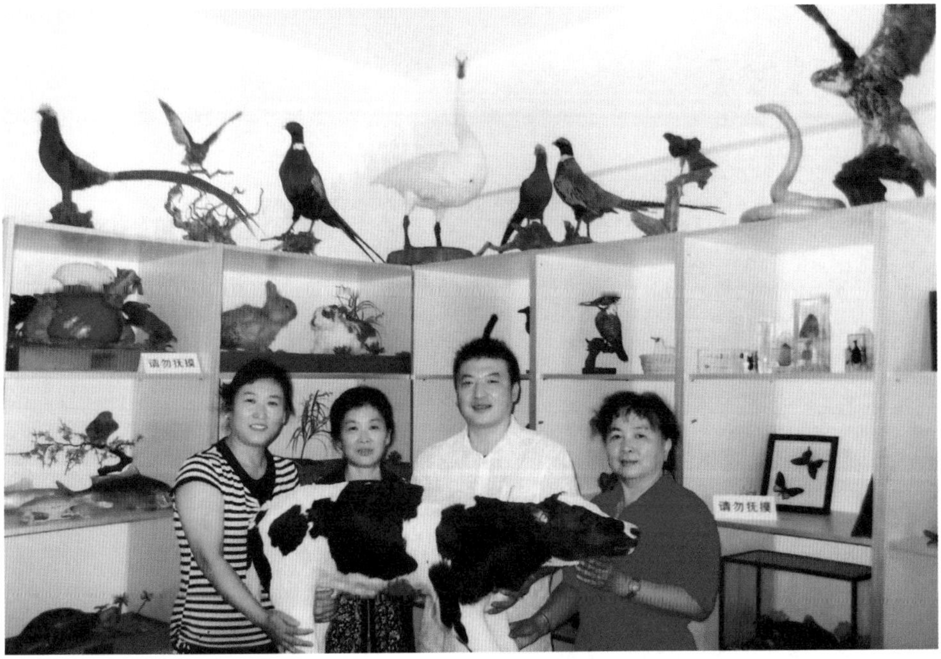

◎ 刘雁（右一）、刘嘉晖（右二）与刘汝湛的学生交流技艺 ◎

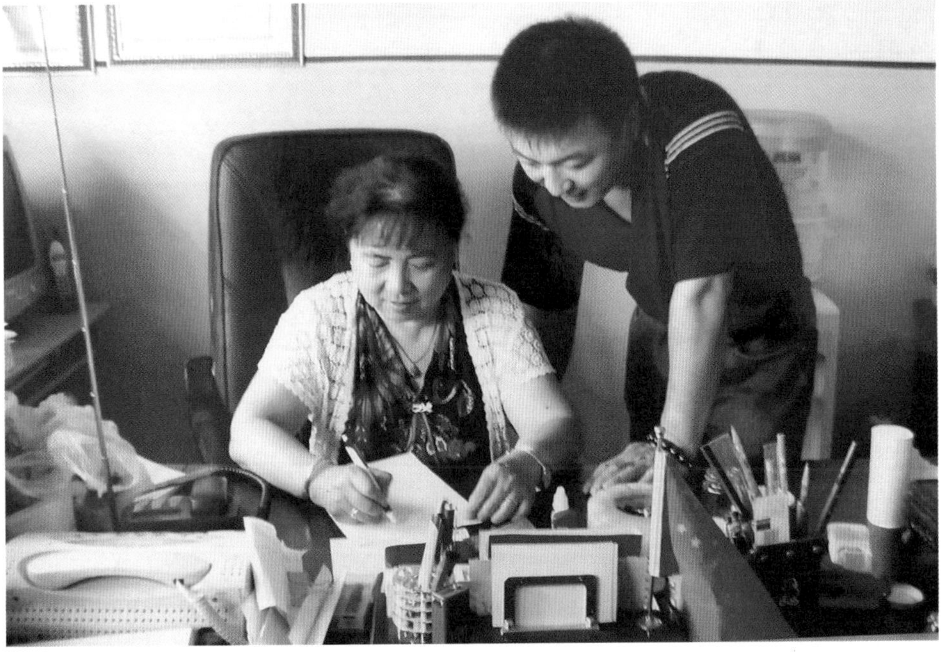

◎ 第三代传承人刘雁与第四代传承人刘嘉晖探讨技艺 ◎

◎ 刘嘉晖、刘雁在全国农业展览馆参加非遗展 ◎

柜子外，还翻了个，就连之前已经缝好的皮都完全撕裂开了。经过他一番仔细侦查，终于发现，原来是一只猫闯了进来，逼真的鸽子标本直接骗过了猫的双眼——它可能是想吃肉，于是把皮都撕开了，结果发现里面竟然不是自己要找的肉，这才放弃，把鸽子丢在一边，失望而去。当时刘嘉晖作品"以假乱真"的水平由此可见一斑。

第四节

薪火相传、开拓创新，振兴"标本刘"

看着第四代传承人刘嘉晖将家族技艺发展得越来越好，刘家第三代传承人刘雁很是欣慰。同时，她也逐渐感到自己年事已高，之后的一场重病也使得她暂时不能继续从事标本制作的工作。因此，北刘动物标本制作技艺的第四代传承人刘嘉晖独自扛起了复兴祖业的重任。

这时，刘嘉晖已经通过北京清黎阁标本有限公司运营的尝试，看到了宠物标本定制市场的机会。以前的标本都是博物馆、单位收藏，而此时标本已经开始走入寻常百姓家，很多爱好饲养宠物的人跟宠物的感情特别深厚，在动物离世后很难释怀，因此很容易萌生定制宠物标本的想法，愿意将其制作成标本留念，以这种方式凝固宠物栩栩如生的姿态，使人与动物的关系得以延续。而标本制作匠人就如同魔术师一般，用自己灵巧的双手还原这些曾经鲜活、灵动的生命。由此开始，刘嘉晖"标本刘"事业蒸蒸日上。

实话说，制作标本是一个辛苦活儿，又脏又累，没毅力的人还真的干不了。就拿制作一只狼的标本来说，就要花掉两个月的时间。先要给死狼剥皮，光清除皮下纤维，就得动几万刀；然后，要用煮好的药水把皮浸泡15至20天，每天必须翻腾两次，否则以后会掉毛；等假体制作完成后，还要刷上防腐剂；再花两天时间安装、整形；接着标本干燥需要15至20天；再缝合，光尾巴就要缝几百针；还要制作好牙龈和舌头，给唇和眼眶上颜色，上色至少要上两遍。

公司在运营过程中也会遇到很多困难。面对形形色色的客户，经营的成本也总是难以控制，有时真是忙忙碌碌却又挣不到钱。就拿做宠物标本来说就很难有利润，宠物虽然死了，但它的主人总是希望标本也能和它活着时一个样，甚至要比活着的时候表现得更加幸福。有一次，一位客户要制作一只黑白毛的贵宾犬宠物标本。标本已经做完在还没干透

北刘动物标本

◎ 刘嘉晖为清黎阁顾客定制的宠物狗标本 ◎

◎ 刘嘉晖制作的非洲狮标本 ◎

时，主人到场要当面调整狗的表情，突然提出标本的"腮帮子有点瘪，嘴发尖，眼睛往外凸"，等到刘嘉晖改动定型之后，主人又变了主意，要求把标本的姿势改成坐着的，觉得狗站着太累，担心狗太辛苦……就这么一只宠物狗标本，刘嘉晖是改了又改、反反复复、费尽周折，人工、耗材等经济成本不计其数。

2008年，刘嘉晖收到动物园邀约，定制一头非洲狮的标本。北刘一直擅长制作兽类标本，因此他毫不犹豫地答应了，他也一直想拿出一个作品，一个能够证明自己、告慰祖先的作品。因此，他选择在这头雄狮标本的制作技法上完全遵从传统，使用北刘动物标本制作技艺的假体法，从剥制到定型，每一步都力图表现出自己精湛的技艺水平。最终的作品呈现出来，确实让所有人满意，它代表着第四代传承人刘嘉晖完全可以坦然自若地接过刘家薪火相传的接力棒。

2009年，中国人民解放军总后勤部农副业科技服务站找到刘嘉晖，希望他能够帮助存留农副产品的样品，并制作一批动物、植物标本，以促进科研与教学工作，刘嘉晖欣然接受了邀请。随后为服务站的生态园制作了梅花鹿、猫头鹰、鳄鱼、大雁、南瓜等50多种标本。借由此次机会，刘嘉晖除了制作动物标本、人体标本，也开始尝试制作植物标本，扩充了北刘标本制作领域的覆盖面。

2010年，受人之托，刘嘉晖协助友人制作了一组狼群标本，供其研究与陈设。这组作品生动逼真、活灵活现，将狼群中各个狼的形象展现得淋漓尽致。特别是标本的细节，狼张嘴嚎叫时的舌头、牙齿都极度仿真。刘嘉晖每每提到这个案例，就会强调做标本的人什么都得会，比如他粘牙的技术就很过硬，唯一美中不足的就是自己没法做牙医那种治病用的钢圈，其他全都能干，而且完全可以达到专业牙医的水平。当时将这套作品摆放在中共北京住总集团有限责任公司委员会党校的走廊上拍照，狼群惟妙惟肖的样子惊吓到了来往路过的很多人。

◎ 刘嘉晖为总后科技服务站动物标本展示厅制作的动物标本 ◎

◎ 刘嘉晖为总后科技服务站制作的大雁标本 ◎

◎ 刘嘉晖为总后科技服务站制作的巨型南瓜科研成果标本 ◎

2010年底，为了扩大"清黎阁"的发展规模，拓展标本制作的业务，刘嘉晖将"北京清黎阁标本有限公司"迁往北京市顺义区木林镇大韩庄村的养殖小区，在那里租用了半亩地建设传承场所和展示馆。这里空气清新，适合开展动物养殖工作；同时也远离市区喧嚣，适合他更好地创作作品。

2010年12月，应中国人民武装警察部队北京市总队雪豹突击队的邀请，刘嘉晖承担了为这支特战反恐部队修复雪豹标本的工作。为了凸显雪豹突击队忠诚、坚韧、机智、勇猛、团结、守纪的特点，以精兵、精装、精训为荣的精神，刘嘉晖经过精心设计修复方案，替换了更为逼真的义眼，修复了标本皮毛，从防腐方面做了深度保养，并重新对造景进行了装饰，将雪山表现得更为逼真，最终呈现出的作品令雪豹突击队全体成员非常满意。

◎ 刘嘉晖为武警雪豹突击队修复的雪豹标本 ◎

◎ 武警雪豹突击队赠送刘嘉晖的
荣誉奖杯 ◎

◎ 北京武警特种作战大队感谢
拥军模范刘嘉晖的锦旗 ◎

　　2011年，刘嘉晖收到当代艺术家孙原、彭禹的邀约，精心制作了一头非洲狮和一组野猪的标本，其中非洲狮的标本更是体现了刘嘉晖在当今标本制作领域的杰出技艺水平，备受刘嘉晖本人所推崇，成为其经典的代表作品之一。经过孙原、彭禹两位极富世界审美视角的当代艺术家的设计与再创造，这组作品最终呈现为一件著名的艺术作品《世界是您的理想之选》（*The world is a place for you to fight for*）参加了"意大利佛罗伦萨艺术展"，并于2011年5月21日至8月27日展于意大利圣吉米那诺。孙原和彭禹一直都在执着于讨论并探索道德伦理与秩序之间的界限问题，这组作品正是通过事件形成了对现实描摹的逼真性，而刘嘉晖制作的这一组逼真的动物标本，实现了这种极端的仿真。该作品也成为"孙原+彭禹"这对当代艺术搭档的代表作之一。

　　2013年，北京市海洋馆联系刘嘉晖，邀请他帮助着手制作一大批海洋动物标本，以充实海洋馆的展示内容。北京海洋馆是一个大型、现代化、先进的内陆水族馆，集海洋生态展示、生物科普教育、海洋文化体

◎ 刘嘉晖制作的非洲狮与野猪 ◎

◎ 刘嘉晖制作的非洲狮 ◎

◎ 刘嘉晖制作的野猪 ◎

验于一体，它在多方面居于国内外领先地位。海洋动物种类丰富，也是动物标本制作领域中的重要组成部分，通过这次机会，刘嘉晖得以全面实践海洋动物标本制作的手法。到2014年，刘嘉晖圆满完成了海洋馆一层的镰鳍海豚、3米多长的大型中华鲟、大海龟等一系列珍贵海洋标本的制作；到2015年，又顺利完成了海洋馆二层的一整组虾、蟹标本的制作。

通过这次大规模、多数量、高水准的海洋生物标本制作，刘嘉晖在圆满完成作品创作的过程中，也锻炼了自己的制作团队，培养出一批传承人，扩充了北刘动物标本制作技艺的传承群体。之后的几年时间，刘嘉晖也多次收到北京海洋馆邀请，不断为其补充标本展品，这也为北刘动物标本在海洋动物的制作与保养方面提供了技艺实践的稳定平台。

◎ 刘嘉晖为北京海洋馆一层制作的海豚、中华鲟等标本 ◎

◎ 刘嘉晖为北京海洋馆一层制作的鲨鱼、鳐鱼、海龟等标本 ◎

◎ 刘嘉晖为北京海洋馆一层制作的海豚标本 ◎

◎ 刘嘉晖为北京海洋馆二层制作的虾、蟹标本 ◎

◎ 刘嘉晖为北京海洋馆二层制作的虾、蟹标本局部 ◎

◎ 刘嘉晖为北京海洋馆二层制作的小型虾、蟹标本（一）◎

◎ 刘嘉晖为北京海洋馆二层制作的小型虾、蟹标本（二）◎

◎ 刘嘉晖制作鳐鱼标本 ◎

2014年，北京市朝阳区人民政府正式公布"北刘动物标本制作技艺"为朝阳区级非物质文化遗产代表性项目。

2014年12月29日，经朝阳区申报，北京市人民政府正式公布"北刘动物标本制作技艺"被列入第四批北京市级非物质文化遗产代表性项目名录（传统技艺类项目）。

◎ 北刘动物标本制作技艺入选北京市级非物质文化遗产代表性项目牌匾 ◎

2015年9月24日，经朝阳区申报，北京市文化局正式认定刘嘉晖为第四批北京市级非物质文化遗产项目代表性传承人。

◎ 刘嘉晖的北京市级非遗代表性传承人证书 ◎

2016年，刘嘉晖受中国疾病预防控制中心邀请，为职业卫生与中毒控制所制作一组有毒动物的标本。包括各类毒蛇、蜥蜴、河豚、克氏原螯虾等，除了供展示教育使用的动物标本，还有供研究使用的骨骼标本、蜂巢标本等，光有毒的海鱼标本就有30多种。其中大量的爬行动物标本需求为"北刘"在实践中锻炼传承队伍，提供了宝贵的机会。

◎ 刘嘉晖为中国疾病预防控制中心职业卫生与中毒控制所制作的蛇、蜥蜴
等标本 ◎

◎ 刘嘉晖为中国疾病预防控制中心职业卫生与中毒控制所制作的蛇、河豚
等标本 ◎

◎ 刘嘉晖为中国疾病预防控制中心职业卫生与中毒控制所维护与保养标本 ◎

2017年，大连海珍品有限公司筹建水产动物标本馆，用于该公司的企业文化和商业宣传陈列展出，邀请刘嘉晖制作各类水产动物标本，包括各类海洋和淡水渔业生产的水产动物和植物标本。

◎ 刘嘉晖为大连海珍品有限公司制作的水产动物标本（一）◎

◎ 刘嘉晖为大连海珍品有限公司制作的水产动物标本（二）◎

◎ 刘嘉晖为大连海珍品有限公司制作的水产动物标本（三）◎

北刘动物标本

◎ 刘嘉晖为大连海珍品有限公司制作的鲟鱼标本 ◎

　　2018年初，刘嘉晖彻底辞掉了北京联合大学资产管理公司副总经理的职务，更加专心地传承与传播北刘动物标本制作技艺。

　　2018年7月15日，刘嘉晖为了进一步拓展传承发展的空间，再一次将"北京清黎阁标本有限公司"迁往北京市顺义区龙湾镇龙湾屯村养殖小区，占地6亩，自筹资金建设了北刘标本非遗传承基地。这里空气清新，绿树成荫，地处偏僻，环境幽静，周边还有果树区，适合作为标本制作的加工场所和技艺传承的基地。现在已经配备有200多平方米的北刘动物标本制作技艺大师工作室，具有师带徒的传承教学空间，划分为昆虫类标本制作区、禽类标本制作区、兽类标本制作区，配有齐全的动物、植物标本制作工具，冷库，存储间等。北刘标本馆占地450平方米，现陈列有昆虫类、兽类、禽类、鱼类等200多种标本，并且还在不断更新扩充中，且配有教学设备及场所，可以用作非物质文化遗产展览展示、宣传推广、传习教育、培训授课等。非物质文化遗产保护专职人员办公区占地400多平方米，同时配有库房、宿舍、食堂等功能区。此外，还设有北刘犬舍、北刘猫舍、北刘鸽舍、北刘鸡舍等动物饲养区，北刘垂钓队装备区等共1000多平方米，现已初具规模，并在不断完善。
2018年11月18日，举办了正式的开业仪式。刘嘉晖计划未来进一步扩大
规模，建设北刘动物标本培训学校、社会大讲堂、动物与植物科普馆、
导聋犬训练基地等设施。

◎ 位于北京市顺义区龙湾镇龙湾屯村的北刘标本馆 ◎

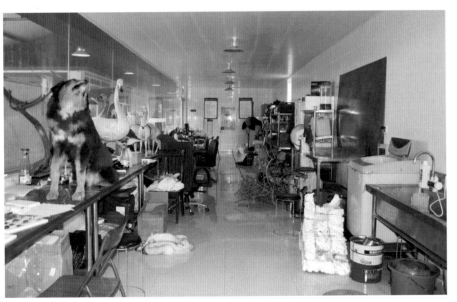

◎ 北刘标本制作大师工作室 ◎

◎ 北刘标本展示厅（一）◎

◎ 北刘标本展示厅（二）◎

◎ 北刘标本展示厅（三）◎

◎ 刘嘉晖为观众讲解昆虫类标本的制作 ◎

◎ 北刘犬舍 ◎

◎ 北刘猫舍 ◎

◎ 刘嘉晖在北刘鸽舍放飞饲养的鸽子 ◎

2014年起，刘嘉晖开始引导、教授自己的独生女刘高珺学习制作标本。就这样，刘家第五代传承人也开启了继续祖辈辉煌事业的道路。对于刘高珺来讲，未来还有很多未知的旅程有待她去探索，但家传的手艺毕竟凝结了几代人的梦想与追求，无论如何，她都不能轻易放弃。

◎ 刘嘉晖教授女儿刘高珺制作鱼类标本 ◎

2019年1月，刘嘉晖的徒弟第五代传承人张二红，被北京市朝阳区文化委员会认定为区级代表性传承人。第五代传承人也已能够承担起非遗保护的工作，开创了北刘动物标本制作技艺传承发展的新局面。

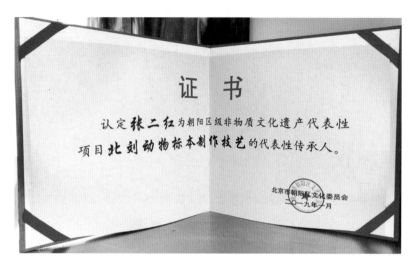

◎ 张二红的朝阳区级非遗代表性传承人证书 ◎

2020年，百年贡品"北京油鸡"继"北京鸭"之后，成为第二个获得国家农产品地理标志登记证书的畜禽产品。据文献记载，清朝时期，李鸿章曾将此鸡贡奉给慈禧太后，从此，慈禧太后非油鸡不吃。1988年溥杰为北京油鸡题写新名"中华宫廷黄鸡"。这个鸡种是北京农林科学院重点研究的禽类。因此，这一年，北京农林科学院为了进一步研究北京油鸡的养殖方法，特别邀请刘嘉晖为其定制一组北京油鸡的标本。刘嘉晖利用这次机会，丰富了"北刘"的养殖区品种，利用立体化鸽舍的底部空间增加了北京油鸡的养殖区，并带领徒弟在饲养之余腾出大量时间仔细观察北京油鸡的生活习性、认真研究它们的动作姿态，亲自传授他们制作禽类标本的方法。每当点评徒弟的作品时，刘嘉晖都会反复强调："评判标本制作好坏的标准，就是保持一定距离观察，是否能感觉到这是一只真实的动物。"除了造型仿真性强，刘嘉晖还有一层意思，就是保存的完整性和标本的防腐性都要好。

2020年，刘嘉晖受北宋著名画家崔白的《寒雀图》启发，创作了一

◎ 张二红为体验标本制作的小朋友讲解昆虫类
标本制作方法 ◎

◎ 刘嘉晖团队制作的北京油鸡标本 ◎

组麻雀标本作品《寒雀图》。取材身边逝去的简单动物原料，赋予画作
真实的意境，展现了标本制作的艺术性。

　　如今，刘嘉晖带领着徒弟们，用勤劳灵巧而又粗糙斑驳的双手，用
艺术再现的方式继续还原动物，再现它们生时的模样，任凭时间流转、岁
月更迭，都努力使生命以最美的姿态鲜活示人，留存世间。在这场薪火相
传、开拓创新的路上，刘嘉晖也曾困惑与迷茫，但他从未退缩，他清楚地
知道，每件作品都是他们祖孙师徒五代匠人跨越百年与生灵的对话，都饱
含着标本制作匠人双手的余温和对生命的敬意。他明白，唯有修己以敬、
笃志专注、精益求精、勇于创新，方能振兴"标本刘"。

◎ 制作中的《寒雀图》◎

◎ 北宋 崔白《寒雀图》局部（一）◎

◎ 刘嘉晖的麻雀标本《寒雀图》局部
（一）◎

◎ 北宋 崔白《寒雀图》局部（二）◎　　◎ 刘嘉晖的麻雀标本《寒雀图》局部
（二）◎

◎ 刘嘉晖和刘高珺讨论标本《寒雀图》造型 ◎

第三章

北刘标本制作方法

动物标本制作是一个对经验依赖性较高的"技术活儿"，本章内容介绍的标本制作方法以常见动物为例，介绍北刘动物标本的制作方法，以展示北刘技艺为目的，并不过多引入生物学知识对标本制作的细节深入展开。同时，受动物种类、形体大小、气温环境等因素的影响，制作试剂的配比、用量须相应调整。一个成功的标本制作技艺传承人必须同时是造型师、动物解剖学家、动物学家，还得是木匠、铁匠、画家，甚至是牙医，既要有艺术家的眼光，也要有做小工的干劲。如果想成为一个合格的标本制作者，一定量的反复练习与实践积累必不可少，这恰恰反映了手工技艺的特点。

第一节

常用工具与原材料

北刘动物标本制作所用工具种类繁多，主要涉及皮毛剥制器具以及木工、电工、化学药剂取用工具等各类工具，可谓五花八门、包罗万象。随着时代发展与科技进步，为了提高标本制作的效率、减缓有机体腐烂分解的速度，还可以使用一些现代的机器工具代替原始费工费力的传统工具。所使用的制作材料基本来自五金店、纺织品店、化学制剂品店等，为了配合造景，也会用到生活中所见的各种令人意想不到的材料。

一、常用手工工具

标本制作使用的手工工具非常多，堪比木工的百宝箱、电工的工具袋、实验室的仪器架。就常用工具而言，主要有以下几种。

1. 刀具：需要各类锋利、耐用的大小刀具。根据使用习惯，可以准备用于剥制皮毛的大、中、小号手术刀，如剥制大型动物需要使用的猎刀或屠刀，2厘米左右规格的锯齿切刀，以及制革工刀、油灰刀、勾缝刀、刮皮刀等。

2. 剪子：根据动物体型，需要准备尖头解剖剪、大号短柄剪刀等各类剪刀。

3. 镊子：选择尖形、前端内侧不带锯齿的精细镊子，一般10至15厘米长。

4. 木工锯：需要细致锯割的细齿锯。

5. 钳子：大小号扁嘴钳子以及老虎钳等。

6. 锉刀：需要大、中、小号扁锉。

7. 锥子：一般采用可调式手柄的锥子。

8. 锤子：普通羊角锤即可。

9. 斧子：短柄斧即可。

10. 钻孔器：使用顺手的即可。

11. 钻子与钻头：小规格的比较适宜。

12. 刮刀：平刮刀即可。

13. 螺丝刀：粗细都需要准备。

14. 凿子：各种规格的都需要。

15. 木锉：粗细都有。

16. 扳手：配套常用尺寸的螺栓、螺钉、螺母使用。

17. 粗细两用毛梳：梳理动物皮毛使用。

18. 刷子：上光等使用的漆刷。

19. 尺子：测量用米尺、卷尺、卡尺等。

20. 钉子：大头钉、平头钉、螺丝钉、订书钉等各类钉子。

21. 磨石或金刚砂轮。

22. 大头针。

23. 各类胶。

24. 铁丝或其他金属丝。

25. 针和各色棉线。

26. 义眼：不同型号的玻璃假眼。

北
剥
动
物
标
本

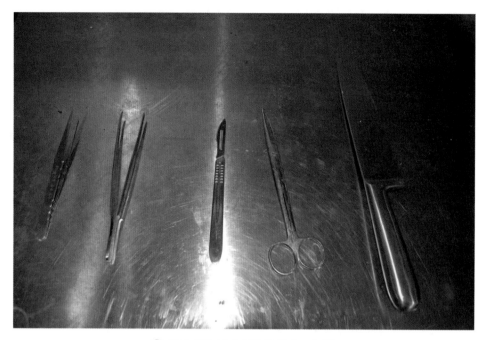

◎ 标本制作部分手工工具（一）◎

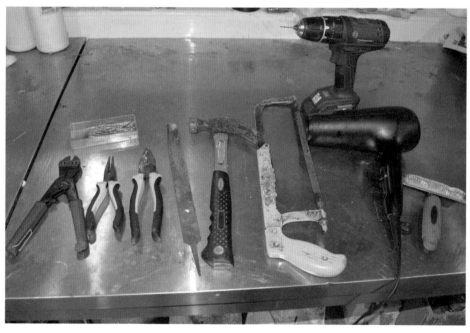

◎ 标本制作部分手工工具（二）◎

二、常用机器工具

机器工具是现代以来根据制作需要，提高工作效率与工艺水平的有力保障。少了这些工具，制作周期将大大增加，造成皮毛的腐败程度加剧，严重影响作品质量。例如，若没有现代的打软机，仍然靠手工棒子敲打皮毛，费时费力暂且不说，软化处理的效果也并不见得好，皮毛支棱着直接影响标本的观感。常用机器有以下几种。

1. 削匀机：用于削匀动物裸皮，能较好地分离皮肉。缺点是只能接触肉、皮，若与其他东西磕碰，容易有齿儿，出现跳刀，因此需要常常磨刀。

2. 磨刀机：优点是砂轮数量多，提高磨刀的效率。

3. 打软机：能快速软化动物皮毛，提高制作效率。

4. 吹水机：类似大型吹风机的作用，主要用于清洗完动物皮毛及时吹干定型，前部有喷笔，可以喷染料。

5. 喷漆泵：可以快速均匀地为动物表面喷漆。

6. 电钻：用于皮毛等打孔、固定。

7. 冰箱：用于冷藏、冷冻动物尸体，根据制作进度安排判断冷藏或冷冻的时间，防止动物皮毛腐烂。

三、主要原料

标本制作的主要原料有：动物尸体、用于造景的工艺根雕、防腐药剂（传统中药材及聚氨酯原料等化学试剂）、泡沫、水晶树脂、颜料、麻刀等。

麻刀即细麻丝、碎麻，是刘家所用传统材料，多用于禽类假体制作。

◎ 北刘标本制作的传统填充材料——麻刀 ◎

第**二**节

标本制作一般工序

　　动物标本制作是一种以剥制技术为基础，同时结合防腐技术、模型技术、假体制作、鞣制方法、造型艺术、场景制作等技术方法为一体的综合手艺。简单来说，动物标本的制作工序主要包括：动物选材、数据测量、皮张剥制、皮张鞣制、填充假体、防腐处理、制作义眼、造型设计、组装缝合、场景制作、整形调整、工艺上色、养护保养等步骤。下面分别介绍：

一、动物选材

　　不论鸟类还是兽类，所选取的材料一定要新鲜且皮毛完整无损。如果是在夏季，则死亡时间最好在3小时以内；如果是冬季，则应根据当地的温度及材料的腐坏程度而决定；如果是春秋时节，则要相应控制时间。鉴于现代电冰箱对温度的控制技术已经比较成熟，对于不能马上处理的动物尸体，应及时冷藏或冷冻。

　　选择鸟类动物时，可以用手掀开腹部羽毛并轻轻揪动一下，如果发现皮肤变为绿色且一揪就掉毛，则这种死亡的动物不宜再选择制作为标本。

　　选择兽类动物时，也可以用手掀开腹部皮毛并轻轻揪动，如果可以嗅到异味，且腹部皮肤轻揪即撕裂，则这种动物也不宜制作为标本。

　　其他动物也可综合考虑皮肤颜色、尸体气味、肌肉弹性等因素，予以适当选择。

二、数据测量

　　在制作前，对标本有关部位全面有效的测量是标本制作必不可少的关键步骤。越高等的动物越需要细致的测量数据。从科学性角度考虑，这对动物分类学研究具有重要意义，只有获得准确的数据方能更好地鉴别物种。详细的测量数据，可以更好地指导后期制作，也可以尽量缩短直接接触血淋淋动物尸体的时间。

测量的工具和物品主要包括钢卷尺、秤、标签、采集本等。测量的内容至少包括以下部分。

1. 体重：动物的全重。

2. 体长：动物的躯体长度。对于中、小型兽类而言，指吻端至肛门，大型兽为吻端至尾基部。

3. 尾长：尾基部到尾端（尾端毛除外）的长度。

4. 后足长：自跗关节的最后端至足的最前端(爪除外)，对有蹄类动物要测到蹄的前端。

5. 耳长：耳郭基部至顶端（簇毛除外）的长度。

6. 肩高：大型兽类动物需测量此数据，指肩背中线至前指尖的长度。

7. 胸围：大型兽类动物需测量此数据，指前肢后面胸部最大周长。

8. 腰围：大型兽类动物需测量此数据，指后肢前面腰部最小的周长。

9. 臀高：大型兽类动物需测量此数据，指臀部背中线至后趾尖。

三、皮张剥制

动物皮张的剥制是标本制作的基础，剥制时要注意伤口不能过多，也尽量不要掉毛，尤其对于禽类标本，否则会对标本作品的完整程度和姿态效果带来影响。

剥制前一般动物尸体都需要冷冻，从冰箱取出后要在常温状态下放置数分钟，以待软化，这样可以使得皮肉分离，便于剥离操作。

剥制时，需要注意手上用力的程度，即所谓"手上要拿着劲儿"，既不能把皮张扯坏，也不能使羽毛脱落，以保证动物皮张的完整性。这需要对动物的身体结构十分了解。什么部位的骨、皮、肉长得结实，就在什么部位用力，这是考验标本制作者经验的技术活儿。剥制时，需要

北刘动物标本

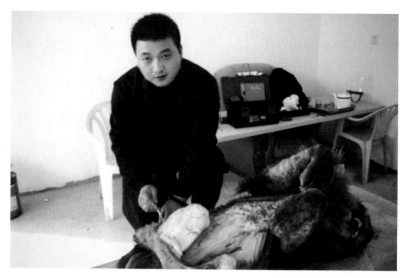

◎ 剥制美洲狮 ◎

格外的小心与足够的耐心，切记不可使用蛮力。成功地完成动物身体的剥制操作是一件非常考验人的事儿，所谓"庖丁解牛，游刃有余"一定是建立在长时间反复练习的基础之上。

四、皮张鞣制

　　通过鞣剂使生皮变成革的物理化学过程称为鞣制，这样做的目的是要使动物皮张改变性能、不易腐烂。剥离的皮毛如果没有对皮张进行鞣制处理，只是把多余油脂去掉后刷涂防腐剂，让皮不被虫蛀，那么这样处理的皮毛通常出现皮张收缩和渗油等现象。鞣制处理过程，皮张就像我们穿的皮衣和皮鞋一样，从"生皮"变成了"熟皮"，没有任何异味，而且毛发的光泽度、蓬松度和柔软度更贴近于动物生活的状态。

　　从化学专业角度看，鞣制是鞣剂分子向皮内渗透并与生皮胶原分子活性基团结合而发生性质改变的过程。鞣制使毛皮的胶原多肽链之间生成交联键，增加了胶原结构的稳定性，提高了收缩温度及耐湿热的稳定性，改善了皮张抗酸、碱、酶等侵蚀的能力。因此，鞣制既是制革和裘皮加工的重要工序，同时也是标本制作的重要工序。

　　北刘动物标本制作技艺的鞣制方法简单说，可分为以下步骤。（实际制作过程中的操作用量会根据动物皮张状态、操作环境温度、皮张干湿程度等情况做适当调整。）

（一）浸皮

对于湿皮，浸皮液体的配制主要有：渗透剂或洗涤灵0.25毫升/斤、盐5克/斤、甲醛0.4毫升/斤、冰醋酸0.4毫升/斤。湿皮与浸皮液体的比例为1斤比15斤；最佳温度为32摄氏度；浸泡时间最好控制在3至4个小时，如果为新鲜皮毛，最好控制在2小时左右。

对于干皮，则需要回鲜，以恢复皮毛的湿润度，同时也可以防止细菌的繁殖。浸皮液体的配制主要有：食盐10至30克/升、渗透剂1毫升/升、甲醛0.6至0.8毫升/升、冰醋酸1毫升/升。干皮与浸皮液体的比例为1斤比20斤；水温依旧要控制在30摄氏度左右；浸泡时间最好控制在12至18小时之间。

（二）铲皮

除去皮张上的余肉和脂肪等皮下组织。

（三）脱脂

脱脂液按每斤2毫升稀释，温度最好控制在35摄氏度，渗透剂或洗涤灵0.25毫升/斤。对于湿皮，皮与脱脂液比例为1斤比15斤，如果量小，会直接影响脱脂的效果；浸泡时间最好控制在1至1.5小时。对于干皮，皮与脱脂液比例为1斤比20斤，浸泡时间最好控制在2小时左右。如果一次脱脂的效果不佳，可以继续进行第二次脱脂，直至效果满意为止。

（四）软化

软化使用的液体配比为：盐25克/斤、甲酸1毫升/斤、软化酶0.5克/斤、渗透剂或洗涤灵0.15毫升/斤。湿皮与软化液比例为1斤比15斤，干皮与软化液比例为1斤比20斤，温度控制在35摄氏度最佳，时间最好控制在10至12小时之间。

（五）浸酸

标本在任何一种溶液中长时间保存都容易掉色，但如果放置于暗处，掉色情况就会不那么严重，为了使制作的标本达到令人满意的效果，可以使用一种酸洗液来使得动物的皮毛保持湿润。这种酸洗液可以在一定程度起到鞣制皮革的效果，并给毛发定型，降低毛皮缩水的可能性，避免其遭受虫子的啃噬。浸酸方法如下。

对于湿皮，按照甲酸1毫升/斤、冰醋酸1毫升/斤的量，原液补加，浸泡时间最好控制在12至16小时之间。

对于干皮，浸酸液体的配制主要有：渗透剂1毫升/升、食盐50克/升、甲酸5毫升/升、冰醋酸1毫升/升、加脂剂3毫升/升。干皮与浸酸液体的比例为1斤比20斤；水温要控制在30摄氏度左右；浸泡时间最好控制在24至48小时之间。注意浸酸后把皮取出甩干后不能用水清洗，须待配制好鞣制液后才可放入水中洗，否则皮张会发酥发软，无法回形。

（六）鞣制

对于湿皮，鞣制制剂配比为：盐25克/斤、甲醛3至4毫升/斤、渗透剂或洗涤灵0.15毫升/斤。湿皮与鞣制液比例为1斤比15斤，温度控制在35摄氏度为宜，时间最好控制在16至24小时之间。其中，在浸泡鞣制3至4小时以后，按1.5克/升（约0.8克/斤）的比例加入纯碱，使得pH值控制在7.8至8.2之间。

对于干皮，鞣制制剂配比为：渗透剂1毫升/升、食盐50克/升、甲醛6至8毫升/升、加脂剂3毫升/升。干皮与鞣制液比例为1斤比20斤，温度控制在32至35摄氏度为宜，时间最好控制在30小时以上。其中，在浸泡鞣制1至2小时后，按1至2克/升的比例加入纯碱，使得pH值控制在7.8至8.2之间。

（七）中和

对于湿皮，中和制剂配比为：盐15克/斤、明矾15克/斤、渗透剂或洗涤灵0.15毫升/斤。湿皮与中和液比例为1斤比20斤，温度控制在38摄氏度为宜，时间最好控制在4至6小时之间。之后加入增白剂或增亮剂1毫升/斤。

对于干皮，中和制剂配比为：渗透剂1毫升/升、食盐30至40克/升、食用铵明矾30至40克/升、加脂剂3毫升/升。干皮与中和液比例为1斤比20斤，温度控制在32至35摄氏度为宜，时间最好控制在4至8小时之间。其中，在浸泡鞣制1至2小时以后，按1至2克/升的比例加入纯碱，使得pH值控制在7.8至8.2之间。

（八）洗涤

洗涤液可以选用洗发水1毫升/斤，水温最好控制在35摄氏度，时间应控制在10至15分钟之间。

需要强调一下制作经验，自第1步到第7步，皮张在各个环节都只能放入搅拌均匀的配制液中，绝对不能单独浸入清水中，否则皮张就会发胀而无法复原，这点制作时一定切记。

（九）脱水

脱水可以使用冷冻的方法，也可使用甩干晾干的方法，但晾干须注意避免暴晒。

五、填充假体

动物种类繁多，个头也是大小不一，制作的关键在于如何将一副皮囊变成形态各异、动感十足的标本，因此这皮囊之下的内芯就很重要，这就是"假体"，也就是标本里面的填充物和支撑物。用它们充实四肢和躯干，动物才能千姿百态。假体法的创始人，就是北刘动物标本制作技艺的第一代传承人刘树芳先生。

假体一般可以分为三类，分别是：捆绑假体、翻模假体、雕塑假体。

北刘技艺的独到之处是使用麻刀制作捆绑假体，一般用于禽类动物标本的制作。麻刀就是建筑上用的一种纤维材料，即细麻丝、碎麻。古时用于建造土房时掺到泥浆里，以提高墙体韧度、连接性能，起到稳固结构的作用，是古建做屋面青瓦时不可或缺的一种辅料。用于标本制作时，主要看重其具有弹性适中、柔韧性好、可塑性强的优点，便于仿真动物的身体。麻刀捆绑假体时，根据动物在皮张剥除后所剩躯体的形状及大小，取适量大小的麻刀材料，用细绳不断缠绕，缠绑成椭球状，用于动物身体躯干部分的内支撑，在工艺上采用"假体法"，以控制姿态。捆绑假体的优点是制作过程中，受力程度均匀，作品姿态便于调整。

北刊动物标本

◎ 制作麻刀假体 ◎

　　翻模假体主要用于兽类动物标本的制作。一般需要选用合适的体内支撑物。可以根据动物的体型大小，选择钢筋、钢板、铅丝、铁丝、竹棍、木板等材料制作，然后使用石膏翻模制作动物的假体。因为兽类动物一般体型结构较大，不便于一次出模，需要根据部位大小分别翻模。翻模假体的制作通常分为6个部分，分别是：头部与颈部作为1个部分；躯干作为1个部分；动物的四肢作为4个部分。将聚氨酯液体倒入翻制好的模型中，待液体冷却、膨胀、成型后，便可得到动物假体的6个部分模型。翻好之后再组合，然后再加上鞣制好的皮张。石膏翻模的优点是结构完整、线条优美，但也有缺点，相对较沉、重量较大。

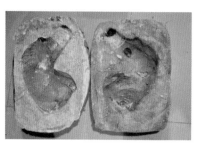

◎ 狼头假体翻模的石膏模型 ◎

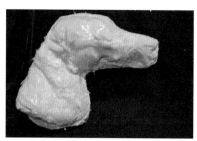

◎ 聚氨酯狼头假体模型 ◎

雕塑假体指通过雕刻的手法塑出假体形状，填充到动物体内。一般先把皮毛剥制下来，根据皮毛测量计算动物的形态解剖学数据，通过数据做出一个"迷你型"小假体样本，对比"迷你"的样本用一定密度的白色聚乙烯苯板材料来复原雕塑这个动物假体，细节处和不合身的地方则用黄色的聚氨酯材料去修补，经过多次"试穿"表皮，直到"合身"之后，涂抹上专用胶水，就可以将表皮缝合起来了。这样的方法使标本在细节上的表现可以更加准确和完整，比如动物表情、血管、肌肉结构等。因为石膏翻模的假体重量较大，现代以来，很多制作者都偏爱泡沫材料的轻便、易得，而使用泡沫雕刻假体。

如果动物需要做成嘴张开的样子，就需要对所做标本的头部按照骨骼标本的操作步骤进行，把头骨和牙齿煮透，去掉残留物，用汽油脱脂，然后将头部肌肉等部位复原，用超轻纸黏土更容易塑形，牙龈、牙床、舌头可以采用牙医用的树脂材料制作，一般药末和药液的配比为2∶1，参考药物实际说明，勾兑好的药液不会迅速定型，可以在定型期间进行造型，可用手配合工具进行操作，塑造出各种所需形状，然后再安装进皮张的头部。

六、防腐处理

标本制作是对动物尸体进行手工加工，而尸体在一般环境下具有腐败的特性，因此防腐成为标本制作过程中的重要一环。

北刘传统的防腐制剂由中药材加工而成，最主要的防腐原料就是砒霜。从中药学的角度分析，砒霜，味辛、酸，性热，归肺、脾、胃、大肠经，有蚀疮去腐，杀虫，祛痰，截疟的功效，也是最古老的毒物之一，使用时需要特别注意。从化学的专业角度分析，砒霜，即三氧化二砷，是一种无臭无味的白色霜状粉末，其可以用于制备亚砷酸盐，而亚砷酸盐可以用作防腐剂。

经过百余年实践，北刘动物标本制作技艺使用的防腐制剂从配制到使用，已经形成固定的经验模式。

对于兽类动物，其皮毛一般比较厚实，因此需要使用"防腐固定

北
刘
动
物
标
本

液"。配制主要材料有：盐3份、明矾1份，用烧开的热水若干，煮沸化开，待凉后备用。使用时，根据动物种类、体型大小、皮毛厚度等因素，需要充分浸泡。一般来说，类似猫类大小的动物，需要浸泡一周时间；犬类按大、中、小分型，分别需要浸泡3周、2周、1周时间。浸泡过程中需要每日搅拌至少2次，以免有浸泡不到之处。对于大型动物，为了防止皮张掉毛脱毛，需要把耳背后皮肤与软骨分开，再予以浸泡。浸泡后的皮张硬度会有所增大，因此需要使用清水予以冲洗，而后还要使用清水浸泡大约1小时，待皮张变得柔软后再用宠物清洗剂冲洗干净。洗后的皮张需用毛巾及吹风机吹干，以备继续使用。

用于皮内的防腐剂，可分为"无毒配方"和"有毒配方"两种。使用时根据动物种类、防腐体积等不同因素，甄别选用。无毒配方主要材料有：硼酸5份、明矾3份、樟脑2份；有毒配方主要材料有：砒霜2份、明矾7份、樟脑1份。使用时，将混合好的防腐剂用95%浓度的酒精调匀后，均匀涂于皮张的内侧即可。

使用防腐剂，需要用95%浓度的酒精勾兑，并使用小木棍充分搅拌均匀。使用之前，应该测试一下溶液的饱和度，方式是将一根黑色羽毛在溶液里蘸一下，如果羽毛晾干后，上面有灰色或白色的沉淀物，就需要继续将溶液稀释，直到沉淀物完全消失。之后，再用毛笔或刷子等工具把防腐溶液整体均匀地涂抹于所要制作的皮张表面，要特别注意骨头、翅膀、腿部、头盖骨、尾巴的根部等细节部位。皮肤外层的毛发根部是蛀虫经常聚集的地方，要特别注意这一部位的防腐处理。为了避免影响防腐效果，建议每份药单独使用：或者快用完时再加入下一份；或者第二份药直接单独使用。毛皮在运输过程中最好不要折叠，可以平躺着打包运输。这样处理一次，就可以使毛皮长时间保持柔软。

七、制作义眼

所谓义眼就是动物的假眼，它直接影响到动物眼神的仿真度，是判断标本成功与否的重要工具。

义眼实际上是一种透明玻璃，用以模仿动物眼球，制作时可以用磨刀石做出一个类似眼球大小的模型，将白玻璃放入模型中，使用焊枪熔化玻璃，变成需要的眼球大小，等待干燥后，用颜料涂上真实的眼球颜色即可。现在市面上有形形色色的成品义眼可供制作者直接选择使用。常言道"眼睛是心灵的窗口"，只有选择了合适的义眼，才能更好地表现动物的神态，而选择的前提一定建立在对动物细致入微的观察之上。例如，鸟类的瞳孔几乎都为圆形；但猫科动物或带犄角的动物瞳孔往往呈狭长的椭圆形；鱼类瞳孔则往往不规则；而犬科动物眼球的虹膜上又常常带有脉纹。

◎ 各式各样的义眼 ◎

八、造型设计

制作的标本以何种神情、动作、姿态展示于人，效果又如何，很关键的因素就在于造型的设计。一般来讲，动物标本都力求体现动物本身的生物特征，突出其在大自然中的生活状态。

九、组装缝合

因为动物标本的身体是由外物填充而成，往往填充物也并不是一个整体，因此，填充完毕就自然需要组装和缝合。缝合一般要求针脚小但不能影响羽毛的舒展，以皮质缝合严密、羽毛错落有致为最佳的缝合效果。

十、场景制作

动物标本除了科研、教学等用途，还有一种属性，就是艺术欣赏，因此，标本的展示环境、场景、氛围也需要标本制作者考虑和设计。任何动物标本制作完成后，如果能将其摆放在一个与之相衬的地方，使它与周围的环境相得益彰，标本就会自然而然地大放异彩。场景制作完全是一个开放性设计问题，取决于制作者的想象力与动手能力。

十一、整形调整

动物标本在制作过程中，难免会拨乱动物的皮毛、羽毛；在造型过程中，也难免会把动物摆放出肌肉、关节、骨骼不自然的样子；皮张在加工过程中往往比较潮湿，需要吹干定型。因此，在作品完成前，还需要整形和调整，以达到更加完美的展示效果。体型的调整主要靠塑形铁丝完成，但是不能随意塑形，这很考验标本制作者对动物姿态熟练程度的掌握。唯有精雕细琢，方能让动物"死而复生"。

十二、工艺上色

标本毕竟是用动物的尸体制作而成的，因此必然会与原物有所差别，为了展示出动物本身的样貌，往往在制作的最后环节会补色、上色，追求尽量仿真的效果。

十三、养护保养

动物标本制作好以后需要长期保存，就需要放置于标本陈列室、库房等场所。这些地方都宜保持干燥、通风、整洁，最好要有对穿门或窗。为避免标本长期放置褪色，应挂外黑内红的双层窗帘，最好装有排气扇，以调节室内空气。湿度较低的恒温环境更佳。浸制标本与剥制标本不宜同室存放。尽量不要放置于底楼，以免受潮。

标本的养护需要注意防虫。一般每年需要对标本存放空间进行一次全面消毒，关闭窗户，打开柜门、橱门，可用六六六杀虫剂（六氯环己烷）烟熏1天，也可以使用甲醇溶液熏蒸。

标本的养护还需要注意防霉。标本存放的橱柜可以放置适量硅胶，用作吸水剂。雨季切勿打开门窗，以防止潮气侵入，可以配置除湿机防潮。

时间过久的标本需要喷油、补色等保养，部分标本可以补涂一些防腐剂达到防止腐败的目的。有皮毛的标本需要配置防尘罩减少尘土对皮毛的影响。应尽量减少对皮毛表面的梳理，掉毛过多会影响标本的展示效果。

北刘动物标本

第三节

禽类标本的制作

禽类，通常指鸟类，目前全世界为人所知的种类一共有9000多种，仅中国就记录有1300多种，其中不乏中国特有的鸟种。禽类分为飞禽和家禽两大类。飞禽指善于飞行的野生鸟类，以植物种子、昆虫、田鼠或蛇等为食，多数对人类有益。家禽指人类为了经济目的或其他目的而驯养的鸟类。从生态类群上看，又可分为游禽、涉禽、攀禽、陆禽、猛禽、鸣禽六大类。禽类主要特征是全身被覆羽毛，前肢变为翼，能在空中飞翔。

刘家独到的禽类假体，保留肱骨，在尺桡骨部位一般需另开一口，以去除该处肌肉；传统填充物选择麻刀，一般采用6根铅丝串连法，即麻刀假体上面穿插固定6根铁丝——头颈、尾部、左翼、右翼、左腿、右腿各1根，安插的位置要合乎动物的生物学比例。6根铁丝互相牵制缠绕，非常牢固。这样制作出来的假体，可以联通所有重要关节，既能起

右翼支架

头部支架

左翼支架

尾部支架

麻刀假体

右腿支架

左腿支架

◎ 禽类标本支架布局示意图 ◎

到支撑作用，也可以通过铁丝的塑形调整摆放姿势，方便将禽类标本调整成任意姿态，便于造型，标本的准确度高，而且生动逼真、栩栩如生。

◎ 禽类标本麻刀假体及支架拧结示意图 ◎

对于初学者，建议在手指不太熟练的情况下，尽量不要用过于小的鸟练习标本制作；像鸽子之类容易掉毛的动物，也不是首选；而乌鸦大小合适、羽毛浓密，即使出自初学者之手，经过剥皮、装上金属丝后，它的羽毛也容易梳理，这种禽类更适合新手练习。

我们以金刚鹦鹉标本的制作为例，说明禽类动物标本的制作方法。

一、皮张剥制

剥制禽类动物标本，一般保留头部和翅膀、腿部的部分骨骼，其余部分，特别是躯干部分不保留，内脏等部分需要全部去除，这样可以保持动物结构的准确性和完整度。

（一）剖腹

用左手的拇指、食指两个手指，把禽类胸部的羽毛分开，露出肉的部分，用手术刀将皮划开。由胸腹部开刀，逐步整体剥离皮张，要避免破损、掉毛。剖腹的前端以胸骨尖突处开始画直线到肛门前15厘米左右处，然后剥离腹部皮肤。

◎ 金刚鹦鹉的皮张剥制——剖腹 ◎

（二）双肢

用刀切断股骨关节，剥皮到肘关节处，留下骨架，去除余肉，以可见骨骼为标准。

◎ 金刚鹦鹉的皮张剥制——双肢 ◎

（三）尾部

　　小心剥离到基本露出尾部至椎底，并切断尾骨与皮肤的连接，但要保留这部分连接。

◎ 金刚鹦鹉的皮张剥制——尾部 ◎

（四）躯体剥离

　　从尾部开始沿脊椎慢慢剥离到翅膀根部、切断肱骨顶端与肩关节的连接，继续剥离颈部到头骨与第一颈椎断开，再从耳朵根部切断到眼帘处，注意要保持眼帘的完整，最后剥离到嘴唇，清除脑浆、眼球、舌及余肉，尽量清除干净。部分鸭子、水鸟、啄木鸟、猫头鹰的颈部又细又长，但头部却很大，剥皮时可切开颈部，并从后颈部和头部开口，从而完成头部的剥皮操作。

◎ 金刚鹦鹉的皮张剥制——躯体剥离 ◎

◎ 金刚鹦鹉的皮张剥制——躯体剥离后的效果 ◎

（五）翅膀

　　剥离肱骨及尺桡骨的皮张，使得皮肤与肉脱离，注意翅膀顶端的骨架无须剥离，因为此处无肉，不会腐臭。保持各骨关节的连接，剔去多余的肉，以露出白骨为佳。这里需要将禽类翅膀的血管、肌肉都取出，常规的制作方法一般是在禽类翅膀的上端，横开一道口子，然后进行剥制，一般制作者都不用肱骨，可以待穿完铁丝后摘除肱骨，但这样做，容易破坏动物的体型结构。北刘动物标本制作时，为了更好地展示动物标本的真实性，表现禽类展翅翱翔的形态，是需要保留肱骨的。也就是说北刘的制作方法是不从禽类翅膀上端横开刀口剔除肌肉，而选择在翅膀关节处的尺桡骨处另开一刀，从这里取出肌肉。但这样做，无疑会增加剥皮的难度，这也是北刘技法的高超独到之处。

◎ 金刚鹦鹉的皮张剥制——翅膀 ◎

◎ 金刚鹦鹉的皮张剥制——翅膀剥离后的效果 ◎

北刘动物标本

操作中，头部、臀尖、翅中等部位相对较难处理，尤为需要耐心与细心。还需要注意的是，有3个部位需要特别用力：第一是禽类的后背，靠近尾脂线的部位，因为这里的皮长得非常结实；第二是翅膀的第二节骨头处，因为这里的羽毛和骨头一般长在一起，它的附着力非常大；第三是头部，因为脖子细、头部大，不用力剥制不下来。对于个别禽类，如啄木鸟、鹦鹉，因为头部相对较大，剥皮的难度也比较大，从脖子往头一边剥的时候，比较费劲，如果掌握不好力度，头部的皮肤就会剥制损坏，这是禽类标本剥制的一个难点。

二、防腐处理

剥离完毕后要及时在皮张内涂上防腐剂。防腐处理也可以在穿支架的同时再次进行，以做到无处不在的防腐效果。

◎ 为金刚鹦鹉擦拭防腐剂 ◎

三、制作假体

北刘传统的禽类动物标本均采用填充麻刀的假体法制作。麻刀，即细麻丝，用绳缠绑结实。制造假体的大小一般要以解剖完的动物躯体大小为准，即近似剥离的鹦鹉躯体，并且要绑扎得圆滑流畅、无棱无角。

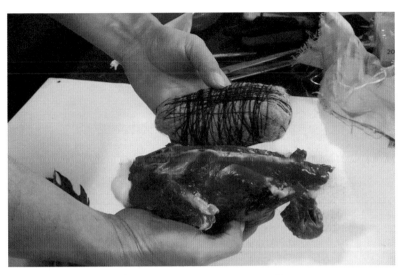

◎ 金刚鹦鹉的假体制作效果 ◎

四、制作支架

在假体上固定6根铁丝，分别支撑头颈、尾部、两个翅膀、两只腿，而后填入皮张内部。支架一般用粗细不一的铁丝，建议选择3种粗细的铁丝：双肢用较粗的2根；头和两翅用稍细的3根；尾部用最细的1根。

◎ 制作金刚鹦鹉标本的支架 ◎

五、支架固定

（一）头部

将铁丝从前额插入脑腔，稍微弯曲少量长度，大概5毫米左右，再进入鼻梁，而后进行固定，使其保持不动。

◎ 固定金刚鹦鹉标本的头部支架 ◎

（二）翅膀

将铁丝从肱、桡骨前端进到翅膀顶端，防止刺破翅膀而外露。这里需要注意，一定得到达顶端，效果才能最佳。制作时，先将铁丝从肱桡骨前端插到肱桡骨后端，再从桡骨顶端开始缠绕3圈，然后以肱骨长度为基准，做2次90度的直角弯曲，弯曲方向要与股骨弯曲的方向一致。其实翅膀的支架铁丝与标本整体及假体基本保持平行，翅膀呈扇形向上翘，直角弯曲与肱桡骨的转轴相配。对于展翅的禽类，桡骨不能离开羽毛，所穿铁丝在桡骨上使用细铁丝绑扎几处，使其

◎ 固定金刚鹦鹉标本的翅膀支架 ◎

保持不动，并把肱骨和所穿铁丝用细铁丝紧绕几圈，以此进行固定。

（三）双肢

在后脚掌的部位开口，挑出肌腱（俗称的"筋"），然后用较粗的铁丝从脚掌不刺穿股骨关节前端，而插到后端进行固定，原有的铁丝需要保持笔直。

◎ 固定金刚鹦鹉标本的双肢支架 ◎

（四）尾部

用一根较细的铁丝从尾巴中间刺入假体进行固定，注意其穿刺的位置是可以使尾巴上下抬起之处。如果制作展翅的禽类，一般尾部羽毛是展开的，展开尾部羽毛后还需要使用纸板进行固定。

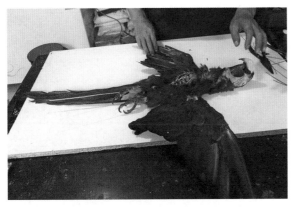

◎ 固定金刚鹦鹉标本的尾部支架 ◎

北刘动物标本

六、假体填充

　　用棉花将腿、脖等部位填充饱满。这一步可以在做支架和防腐处理的同时进行，放置假体后还要再次做填充，填实达到饱满的程度，以防变形。北刘禽类标本在制作时有自己独创的小技巧，如可以在保留的禽类头骨与头顶皮肤之间垫一片棉花，以此模拟活禽的皮肤弹性。填充时要随时察看动物的状态，看其是否合乎自然状态，多数禽类身体都有很多裸露的皮肤，鸟在活着时，这些裸露皮肤周围的羽毛会把它遮盖住，因此这部分皮肤才不会被看到，如果填充得过于饱满，裸露的皮肤就会全部暴露出来，从而极大地影响动物形态。

◎ 使用棉花填充金刚鹦鹉标本的颈部 ◎

◎ 使用棉花填充金刚鹦鹉标本的腿部 ◎

七、皮张缝合

选择与羽毛颜色相近的线，从里往外缝合。注意掌握合适大小的针脚，不要影响羽毛的舒展性。

◎ 缝合金刚鹦鹉标本 ◎

八、安装义眼

在安装义眼前，需要将标本的眼睑放松，用棉花、麻纤维等材料把眼窝后面填充起来，然后用一个小的勺状造型工具给眼窝和眼睑的内表面涂一层软黏土。在安装义眼时，选择与鹦鹉真眼近似的义眼，并安装到眼睛的位置，再用大针的针尖或小锥子把眼部皮肤调整好。

◎ 制作金刚鹦鹉标本的义眼 ◎

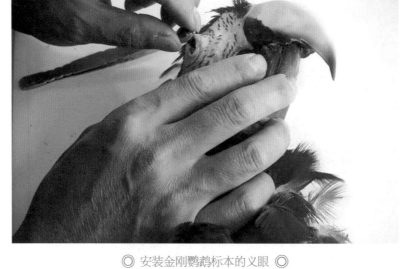

◎ 安装金刚鹦鹉标本的义眼 ◎

九、整形调整

　　将标本固定在木枝上，根据计划的形态调整动物姿态。姿态调整是重要的一环，可以张开双翅展现其正在飞翔的姿态，也可以伫立枝头展现其静止不动的姿态。注意这时需要将羽毛吹蓬松，将其调顺。

◎ 为金刚鹦鹉标本整形 ◎　　　　◎ 为金刚鹦鹉标本吹风 ◎

十、干燥定型

为标本缠上纱布，保持姿态干燥15天，以便定型。

◎ 为金刚鹦鹉标本进行干燥处理 ◎

十一、修饰上色

依据实际形象将鹦鹉面部涂以适当颜色，使其表现得栩栩如生。对于某些禽类标本，需要将喙、脚还有腿部用油画颜料补色。如果禽类本身就是深色或中性色，那么刷一层透明的清漆即可。如果不刷染料或清漆来保护标本，各类甲虫偏爱吃禽类标本上这些坚硬的部位，标本的寿命就会大打折扣。

对于大型水禽，一般选择制作成飞翔的姿势，并用细金属丝吊起来。可用带有向内弯曲的圆环的尖头金属丝刺进鸟背中央，并牢牢地固

◎ 修饰金刚鹦鹉标本 ◎

◎ 金刚鹦鹉标本作品效果 ◎

定在躯干上，这样就可以稳稳地把标本悬挂起来。

　　对于大型禽类，如苍鹰、雕鸮、苍鹭等，因为其体型庞大，其剥皮和防腐处理时的操作步骤更接近于兽类，对于制作者的力量要求比较高，可根据情况适当参考兽类标本制作方法做相应调整。

　　禽类动物的冠状物或肉垂在干化时会枯萎失色，这种情况较难避免，为了最大限度保持原来形状和本质，可在解剖时从内部剖开，取出肉冠的内部肉质，涂抹防腐剂后，加入适量纸黏土，塑造出其原形，待干燥后再涂上颜色即可。

兽类标本的制作

兽类，均属于脊椎动物中的哺乳纲，是由爬行类进化而来的。从进化的程度可分为原兽类、后兽类、真兽类。从外形上看，它们的主要特征表现在体内有一条由许多脊椎骨连接而成的脊柱，而且身体表面被毛。

兽类动物标本与禽类动物标本在制作上最大的区别，就是兽类只要把皮扒下来即可，里面的肉与骨全都不要，而禽类标本在骨肉的去留问题上，是有所选择的。

兽类动物标本因为体型相对较大，因此其假体的制作尤为重要，即身体内部的支撑物很重要，如果支撑不够充分，标本经过一段时间就会逐渐松弛而身体下陷，失去制作时的优美造型。

按照兽类动物的体型大小，可以分为大型、中型、小型兽类，现在分别做简单介绍。

一、大型兽类标本

大型兽类泛指虎、豹、野猪、鹿类等动物。我们以草原狼标本的制作为例，说明大型兽类标本的制作方法。

（一）剥制

将狼体仰放在解剖台和塑料布上，用解剖刀沿腹部正中肛门前部开始，向胸骨后端切开皮肤，操作时用力不能过猛，以免将腹腔切破而污染皮毛。

然后，用刀背或小镊子将切口与后肢相连的皮肤与肌肉分离，将后肢分别往切口处推挤出来，剪断膝关节并除去小腿上的肌肉，剥离背部等周围的肌肉，再把生殖器、直肠与皮肤连接处剪断，清理好尾基部周围的结缔组织，再用左手捏紧尾基部、右手捏住尾椎骨缓慢向上拉动，

北刹动物标本

直至完全抽出。

继续剥制到前肢,在肘关节处剪断,清除肌肉再剥制到头部,用解剖刀紧贴头骨剥制到耳部,剪断或切断耳根至眼部的连接时,可看到一层白色网膜状的眼睑缘,细心切开网膜的下端后,即可露出眼球。

剥离上下唇时,先在鼻尖的软骨处剪断,然后再用解剖刀剥离下唇,这时表皮与肉体已经分离,下一步应去掉皮内脂肪和贴在皮上的肌肉。

均匀地涂抹防腐制剂,并在四肢骨骼上缠以少许棉花,用以代替动物原本的肌肉。而后再翻转动物,使其呈现出皮朝外的直筒状形态,继续完成剥制。

◎ 狼皮剥制 ◎

(二)鞣制

鞣制鲜狼皮的步骤如下(鞣制过程中涉及的各类配制液的配制和使用根据实际情况做了调整):

因为是新鲜的皮张,可以先将皮下组织去除干净。

由渗透剂2毫升/升、脱脂剂4至5毫升/升的比例调配洗涤液。以1公斤的皮革至少配比20公斤洗涤液的标准,在32至35摄氏度的液体温度环境下,浸泡洗涤30至40分钟。

由渗透剂1毫升/升、食盐50克/升、甲酸5毫升/升、冰醋酸1毫升/升、加脂剂3毫升/升的比例调配浸酸液。以1公斤的皮革至少配比20公斤浸酸液的标准，在32至35摄氏度的液体温度环境下，浸泡洗涤24至48小时。

由渗透剂1毫升/升、食盐50克/升、甲醛6至8毫升/升、加脂剂3毫升/升的比例调配鞣制液。再以1公斤的皮革至少配比20公斤鞣制液的标准，在32至35摄氏度的液体温度环境下，浸泡洗涤30小时以上。其中，在浸泡鞣制1至2小时后，按1至2克/升的比例加入纯碱，使得pH值控制在7.8至8.2之间。

由渗透剂1毫升/升、食盐30至40克/升、食用铵明矾30至40克/升、加脂剂3毫升/升的比例调配中和液。以1公斤的皮革至少配比20公斤中和液的标准，在32至35摄氏度的液体温度环境下，浸泡中和4至8小时。

将鞣制好的狼皮脱水晾干，如不能及时制作后续步骤，可冷冻保存。需要注意，每次从配制好的液体中取出皮张时都不能见水，只能再放入其他配制液，否则皮张会发胀变形而不易恢复，影响标本作品的效果。

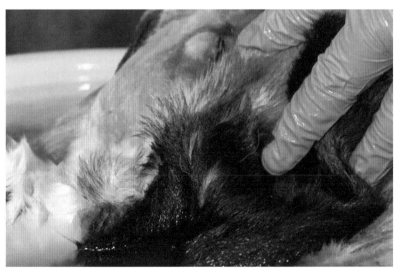

◎ 皮张鞣制 ◎

（三）填充

先制作一根假尾，既可削好一根比原尾椎骨稍细而又均匀光滑的木棍，也可采用一根铅丝，紧缠棉花制作。将假尾插入狼的尾部末端，注意假尾需要比原尾稍长一些，长度最好能够达到腹腔开口处的1/2，这样既可固定尾巴，也可支撑整个身体。

在博物馆、科研所、学校等单位，常将兽类标本制成活着时的姿态，作为科普教学之用。这种兽类标本需要在填装时使用钢筋或铅丝支撑其肢体。大型兽类需要用硬木板支撑，而小型兽类可以用铁丝结扎。所用的钢筋或铅丝型号、木板大小硬度都需要根据动物本身的大小而定。这种结构的支架不易松动、变形，有较强的支撑力。一般在头部、四肢、尾部各用1根钢筋或铅丝支撑。头部的这根支撑棍先用棉花卷成与颈部原有肌肉粗细长短相同的填充物，一端固定于硬木板支撑处，另一端固定在头骨上。也可将原头骨保留，仅填充空隙处。另取一根支撑棍由足底沿肢骨后侧插入肢内，外边预留一段作为固定之用。穿入的支撑棍沿肢骨弯曲，用线缚在骨骼之上，四肢处仍需补充棉花或泡沫等填充物以代替动物原本的肌肉及骨骼。而且尾椎骨的制作也不宜采用不能弯曲的硬棍，而必须以可弯曲的铅丝等制作，这样才能捏成动物的各种姿态。四肢穿齐后再穿尾部。如果所做动物的耳郭较大，需用塑料板装入耳郭的皮肤中，用以代替剥去的耳部软骨。

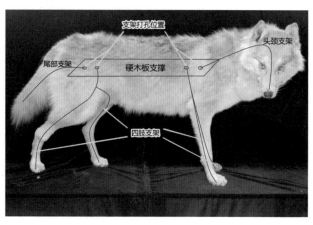

◎ 兽类标本支架安装示意图 ◎

对于狼而言，普通的铁丝已经不足以撑起大型兽类动物的整个身躯，一般使用较粗的钢丝做框架支撑，支撑的形状根据动物姿态而定。

大型动物标本应该采用实心的填充材料，实际上就是需要制作一个和皮毛相搭配的塑形艺术品。分别采用翻模法制作狼的头颈部、躯干部、四肢等6个部分，将做好的肢体模型填入。现代比较流行的方式是采用聚氨酯或泡沫做填充物，这样可以减轻动物身体的重量，便于调整动物的姿态。遇到泡沫未能填到的部位，可适当补充加入蓬松的棉花，以达到狼正常体型为最佳。填充时务必要均匀、结实、饱满，一边填充一边观察，注意各部位的形态，看是否填充适当，如果发现有不足之处，应及时纠正。填充前肢与后肢时，需要注意腿部的大小和对称关系。关节处的填充需要充分考虑关节的曲度。填充尾部时，削制的尾椎骨应紧贴腹部压住填充物，使尾椎不至于向上翘起。这个阶段的操作，还要注意掌握填充后的作品重心，以免动物的造型姿态无法稳定保持。

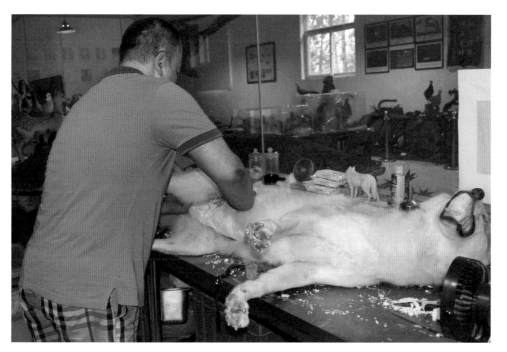

◎ 填充假体 ◎

北剂动物标本

（四）缝合

缝合标本切口时，要将标本位置摆正，由胸部向腹部方向进行缝合。针要从里向外交叉缝制，避免把毛发压在线的下面。为了显示逼真的效果，一定要选用与皮毛颜色一致的线。

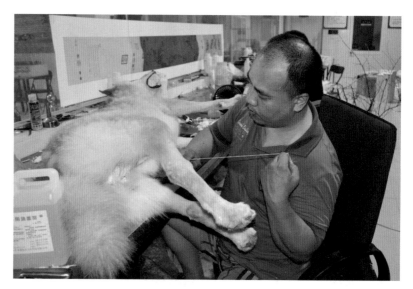

◎ 缝合狼皮 ◎

（五）整形与固定

标本制作的好坏与整形的关系很大。

首先，将标本初步整理成确定要做的生活中的某种形态，并检查各部位填充得是否均匀、对称。可用手稍加捋、捏，及时想方设法地加以补充和矫正。可以将标本横放在桌面上，头部向左，将前肢往里缩，掌面朝下，后肢伸直，背面朝上与尾平放。

其次，制作义眼。用镊子先将眼眶整圆，并将眼眶中的填充物压实，填入少许油泥或白胶，取一对与原来眼球颜色相同、大小较眼睑稍大的义眼，嵌入眼眶内部，并用针加以挑拨，使得眼眶遮住义眼的边缘，眼球微凸即可，不能让义眼显得突兀。

再次，安装并清洁牙齿，完成舌头、牙龈等口腔内的造型，并整理面部表情，拍打皮毛让毛发呈现根根竖立的效果。

◎ 整形处理 ◎

最后，通体检查整形，并加以适当调整，毛要理齐，两耳要竖立，头部稍尖，臀部要拱起，身体各部位均与实际动物形态相似。

将标本四肢固定，放置于通风处阴干，这样就完成了标本的制作。

除了常见的生态标本，大型兽类标本有时不填装假体，而只保留皮张、头骨等，多作为科研上分类鉴定之用。这类无填装的标本制作时可从尾基部至吻端及四肢内侧做一个大开口。但在处理带角的偶蹄目动物时，需在两角间及颈背部开一个"丫"字形的口，沿角基周围切离皮

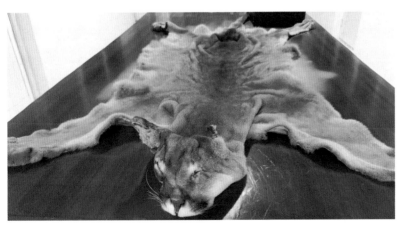

◎ 美洲狮皮张标本 ◎

北刘动物标本

肤；角形较大时，还需在颈侧开刀。此外，四肢的蹄、爪均需保留在毛皮之上。

二、中型兽类标本

中型兽类一般泛指兔、旱獭、巨松鼠，以及鼬科动物等。制作的方法与大型兽类标本基本相同。这类标本由于体型稍小，腹部开口处也要稍小一些，如果采用竹子等做填充物填充躯体时，至少需要2根竹棍，以便支撑身体。注意，填充时需要比生活中的动物形体稍大一点，以抵消干燥后的收缩。关于动物的耳朵还需要注意，如果耳朵不明显，只要注意适当填充就可以了，但是对于耳朵鲜明突出的动物，比如浣熊、狐狸、野猫等，必须往耳朵内部插入硬物造型。耳朵在剥皮时应该隐藏起来，也就是把整个耳朵的内侧翻到外边来，再进行防腐处理及填充，这样做才能在干燥时保持耳朵原有的形状。

整形时，可以根据需要选取一块适当大小的标本台板，在台板上量取与四肢掌心相应的位置，用稍大于支架铁丝直径的钻头打4个孔，将从四肢捅出的铁丝插入到孔中，下端弯成"L"形，以使四肢固定在标本台板的底面。对于栖息于树的物种，最好固定于标本台上的树枝上。

三、小型兽类标本

小型兽类一般指鼠类大小的动物。制作的方法与大型兽类标本基本相同。这类动物体型小，动作需要更加精细，填充物一般使用棉花即可，用量也不会太大，不需用翻模法制作假体。填充时，填充物必须呈长条状逐步填充进入体内，不可操之过急，更不能使填充物呈圆团状填入，否则标本制成后表面会呈现凹凸不平的状态。如制作鼠类标本，可用竹棍做支撑，将蓬松的棉花捏成前细后粗的形状，用大镊子夹紧棉花的前端，从开口处紧插至头部，而后在四肢和躯干的部分适当填入蓬松的棉花，以达到鼠类正常体型为佳。

对于某些小型兽，通常一次性获得的量较多，如蝙蝠、鼠类等，或受野外工作的条件限制无法一次性将标本制作完毕、或因分类的目的而使标本干后收缩无法看清、或因内部器官的研究需要而不便于快速制作等情况，为防止动物尸体腐烂掉毛，可使用液浸法先行简单制作标本。方法是从腹部开口露出内脏，浸泡在75%浓度的酒精溶液中，或浸制在5%至10%浓度的福尔马林溶液内。浸泡前，须将每个标本系上已编号的竹签，便于后续查阅数据。

第**五**节

爬行类标本的制作

爬行类动物是真正适应陆栖生活的变温脊椎动物，并由此产生出恒温的鸟类和哺乳类。爬行类不仅在成体组织结构上进一步适应陆地生活，其繁殖也脱离了水的束缚。爬行类动物的头骨全部骨化，外有膜成骨掩覆，颈部明显，头部能灵活转动，胸椎连有胸肋，与胸骨围成胸廓以保护内脏，腰椎与两枚以上的荐椎相连，外接后肢。水生种类掌形如桨，指、趾间连蹼以利于游泳，足部关节不在胫跗间而在两列跗骨间，成为跗间关节。四肢从体侧横出，不便直立；体腹常着地面，行动姿势为典型的爬行；只有少数体型轻捷的爬行动物能疾速行进。在爬行类动物中，蛇是特殊的一种。蛇没有胸椎，不连胸肋，因此蛇能吞噬比自己大很多的物体。蛇没有脚，依靠鳞片快速爬行。

爬行类动物的造型使用一般的方法很难完成，这样的情况就考验标本制作者的能力了，如果他对色彩有独到的眼光，将会带来令人惊叹的效果。由于爬行类动物结构的特殊性，做完防腐后，使用纸黏土填充，而后整形，待干燥后上色即可。

我们以乌龟标本的制作为例，说明爬行类动物标本的制作方法。

一、解剖操作

（一）剥制

一般先从龟板的根部拉开皮肤与龟板的连接处进行剥皮。需要挑断龟4条腿的筋，注意制作时需要保持皮张的完整度，否则会使标本效果大打折扣。

（二）剔肉

取下龟板，除去龟体上的余肉。注意要保持龟体干净，以防发臭腐烂或虫蛀。

（三）处理龟板

将龟板用清水浸泡，以防变形，并消除其上遗留的血迹。

（四）处理腹腔

腹腔的脏器需要处理干净，一般要做到无余肉残留，以清晰可见白骨为处理好的标准。

（五）处理四肢

四肢需要剥皮到指部，操作类同于禽类标本的制作。注意在四肢的尖顶端，需要保留指尖顶端的小骨以及指甲。

（六）处理头部和尾部

由于龟的头颅顶部皮肤已经骨化，剥皮至头部时，需要保留眼球上缘以及整个脑壳外表完整无损，头骨下的基枕骨、基蝶骨、上颌等需要移除，这时需要注意头部凹凸部位的特殊结构，需要仔细去除余肉。尾部的处理也类似。

（七）摘除眼球

从外围下刀，摘除眼球，需要注意保护眼帘，防止破损。

（八）清洗备用

解剖完毕后，需要浸泡数分钟，清除血迹。

二、防腐处理

均匀地涂抹防腐制剂，涂抹顺序为：先龟板，再四肢，而后头部，最后腹腔。注意不能留下死角，以防腐烂。

三、假体制作

需要使用铁丝3根。首先用2根铁丝交叉，固定后再与第三根交叉，互拧连接，使铁丝咬合紧密，保持稳固，不可松动。再将铁丝的6个断头分别从口、四肢、尾部穿出，以便于支撑身体，并能设置造型。

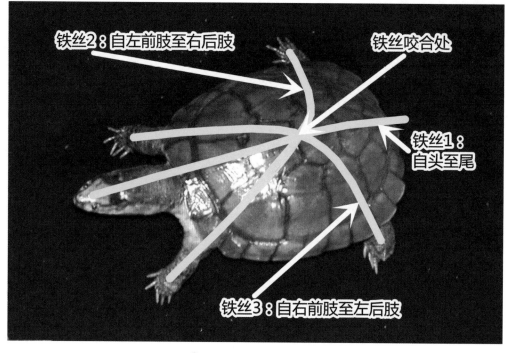

铁丝2：自左前肢至右后肢　　　铁丝咬合处

铁丝1：
自头至尾

铁丝3：自右前肢至左后肢

◎ 龟假体支架示意图 ◎

四、填充假体

　　填充物可根据爬行动物的种类选择弹性相当的材料，如棉花、麻刀、泡沫等。填充顺序为：先四肢，而后头部，最后腹部。注意填实需要把握好动物躯体容量的空间大小，保持好动物原有的形状，从里向外逐步填充，特别是头部的凹凸部位及四肢，需要做到自然舒展、无褶皱、形态完美。

五、还原龟板

　　将龟板前后左右对齐，可以使用胶水固定，之后再做补充填充，保证动物体内不空也不露，最后粘连好龟皮与龟板。

六、镶嵌义眼

　　安装义眼前，需要首先整形，摆好乌龟的姿势，关键是头、四肢的骨关节弯曲部位，以便达到完美逼真的标本作品效果。然后使用胶泥填充眼窝，再镶嵌义眼。注意要转动，用以调整义眼的深浅和角度，以达到动物自然的眼神。

七、整形处理

整休卜再做补充，检查是否需要填充躯干、粘连龟板、剪去多余铁丝、整理外部形态、抛光龟板、阴干处理等。对于颜色鲜亮的海龟壳，需要用颜料润色，并刷上一层清漆以便呈现出自然鲜活的感觉。

第六节

鱼类标本的制作

鱼类种类繁多，形态变化较大。硬骨鱼中多数为扁纺锤形，如鲤鱼、鲫鱼等；也有长圆形，如鳗鱼、鳝鱼等；还有特殊形态，如翻车鱼、箱鲀等。软骨鱼中的鲨鱼呈长纺锤形；电鳐、燕鲼呈扁平盘状。

制作鱼类标本时，遇到身体较小或鳞片易于脱落的种类，适宜采用"浸制法"保存标本，其余体型稍大的都可制成剥制标本。但制作鱼类标本的选材条件是，必须使用鱼皮与鳞片都完好无损的新鲜鱼。

为了防止鱼类在剥制时鳞片脱落，可使用3种方法。一是剥制前可用抹布将鱼体表面擦干，置于阴凉处放置1至2小时，待鳞片略干燥后再开始剥制；二是使用胶水涂于鱼体表面，借助胶水的黏性粘住鳞片，以此避免脱落，但这种方法容易使鱼皮在胶水干后变脆，因此还要在剥制过程中用湿布裹住鱼体；三是在鱼体表面用面粉制作糨糊粘几层湿纸，这样做需要在腹部中线预留出解剖空位。对于鳞片细小而又不易脱落的鱼类，如鲨鱼、鳐鱼等，只要把身体擦干即可开始剥制。

我们以鲤鱼标本的制作为例，说明鱼类标本的制作方法。

一、解剖操作

用剪刀插入鲤鱼的肛门处，沿腹部中线由后向前剪开，至胸鳍为止。用解剖刀小心分离腹面两侧的皮肤与肌肉。剥至臀鳍时，用剪刀将鳍棘的基部剪断，胸鳍、腹鳍也做类似处理。剥至尾鳍时，在尾椎末端尾鳍前段剪断。至头部后侧肩带部分时，用解剖刀从头后侧切断颈椎，而肩带的锁骨、乌喙骨等部分因与皮肤连接紧密，不能切除，但可以去除与皮肤不相连的部分骨骼和肌肉。

而后，仔细剔除头部的肌肉，挖去鱼眼，用细股大冲力的水冲洗颅腔。冲洗干净后，用圆头解剖刀刮去鱼皮上的脂肪和肌肉。

处理特殊形状的鱼类时，剥皮方法与鲤鱼大致相同。但是，解剖刀口要依据鱼类的形体确定，在保证各部分肌肉剔除干净的情况下，尽量减少解剖数量、隐蔽解剖刀口、缩短解剖线路，以此达到尽量完好的标本外观。

二、防腐处理

用清水冲洗剥制好的鱼皮，并洗净鱼体表面的护鳞纸。将鱼皮放入75%浓度的酒精溶液中浸泡，每隔1小时翻动一次，确保酒精渗透于鱼皮的各个部分。如果渗透不均匀，相应部位的鱼皮后期容易脱鳞、腐烂。达到48小时后，可将鱼皮取出，观察如果鱼皮发硬，可放于水中浸泡几个小时，待松软、有弹性后取出备用。

擦拭去水，向鱼皮内侧涂抹防腐制剂。注意一定要涂抹均匀，不留死角，防止腐烂。

三、假体制作

鱼类为水生动物，为了表现其游动的自然状态，一般中小型鱼类需要借助铁丝制作出鱼儿悬垂于水中的状态。固定点一般选择木板或泡沫，大型鱼类需要钢筋支架固定。

中小型鱼类标本的内部支架长约为鱼鳃到肛门的距离，高约为鱼身的2/3。体型短小的鱼类，可用铁丝弯成鱼身纵剖面的形状装入鱼体内，再用木屑糨糊填充，同时要加入少量石碳酸（苯酚）防腐，也可用棉花、泡沫填充。躯体呈扁形或纺锤形的鱼类，可用厚木板与铁丝制作假体，用木板锯成近似鱼体剖面的形状，作为框架，再用铁丝作为支柱，将假体放入鱼体后，填充内部的空隙即可。

大型鱼类标本的假体制作类似于兽类，需要使用钢筋、钢板做支架。

四、缝合刀口

缝合解剖刀口时，需要装填一段缝合一段，在鳞片之间插入针脚，以此隐蔽缝合线的痕迹。如果想要呈现游动中的鱼态，表现弯曲的鱼尾，可以在其对应的一侧少填一些填充物。如果出现凹凸不平的现象，可以用手轻轻捋开，务必要使表面平滑、饱满。

五、整形处理

将制作过程中鱼皮外表面附着的污物轻轻用湿润的抹布擦去。然后用石膏粉或滑石粉加少量清漆或汽油调成黏稠状油灰嵌入口腔、鳃盖、眼眶内。油灰干燥后，用乳胶将鳃片粘到鳃盖内，并在眼眶内安装好义眼，上漆绘色。个别鱼类的鱼皮色泽很难长期保存其天然的原貌，因此，只能通过标本制作者竭尽所能地为标本上色来达到预想的效果。

◎ 鱼类标本示意图 ◎

为了防止鱼鳍弯曲发卷，可用硬纸壳剪成鳍的大小，用木夹夹紧定型。

待鱼身干燥后，用清漆涂在躯体表面，以此增加光泽，显示出鱼自然的生活样态。为了防止鱼皮褪色，可以采用油画染料与清漆、松节油调匀后，着色处理，调配比例根据鱼的种类而定，这是一个经验技术活。

◎ 着色处理 ◎

第七节

昆虫类标本的制作

昆虫种类繁多、形态各异，属于无脊椎动物中的节肢动物，是地球上数量最多的动物群体。昆虫分有不同的种类，多数昆虫可以做标本，是人类可以利用的良好生物资源。

昆虫类标本按照制作方法区分，可分为干制标本和浸制标本两种。对形体微小的昆虫浸制标本，常制作成装片，以便于用显微镜或放大镜进行观察。按昆虫发育阶段区分，可分为成虫标本、卵标本、幼虫标本、蛹标本等。为了科学研究，生物学者常常将同种昆虫不同发育阶段的标本装在一起，组合为一组，称为昆虫生活史标本。

我们以油葫芦标本的制作为例，说明昆虫标本的制作方法。

一、软化处理

昆虫采集回来以后，需要及时制作成标本，如果时间过长，虫体过于干燥，制作时极为容易损伤触角及足等突出的部分。如果过于干燥，就需要软化之后再进行操作。可将玻璃干燥器作为软化器使用。在软化器底部垫上6厘米左右厚的细沙，沙中浸入2%浓度的来苏尔溶液（即煤酚皂溶液）或石碳酸。然后将放有材料的铁砂网搁置于干燥器的隔板上，盖好盖，用凡士林密闭，放置于温暖处搁置5天左右，即可达到软化的效果。

◎ 来苏尔溶液软化昆虫 ◎

121

二、制作过程

油葫芦一般不需要展翅，选用粗细合适的针垂直插入虫体内，固定于硬质泡沫塑料制成的刺虫板上，一般留针长度为8毫米较为适宜。插针的位置需要依据昆虫种类不同而有所差别：对于半翅目昆虫，针插入胸小盾片中央处；对于鞘翅目昆虫，针插入右翅鞘基部；对于鳞翅目昆虫和膜翅目昆虫，针插入胸中央；对于直翅目昆虫，针插入前胸背板右面；其余昆虫一般针插入中胸和后胸。如果需要昆虫展翅，先要展翅后再插针，要使左右四翅调整对称。

◎ 展翅与不展翅标本的插针示意图 ◎

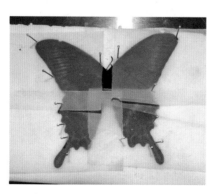

◎ 鳞翅目昆虫插针示意图 ◎

对于昆虫的卵、幼虫、蛹等，一般都应该用浸制法制作标本。一般的浸制液可选用70%浓度的酒精和冰醋酸、甲醛以4：1：1的比例配制。为了使虫体保色，可以根据幼虫颜色选择适当的浸制液：对于绿色幼虫，可以使用硫酸铜溶液，煮沸后加入幼虫，上色后用5%的甲醛溶液保存；对于黄色幼虫，可以使用冰醋酸、无水乙醇、氯仿配成浸制液，幼虫浸泡1天后用70%浓度的酒精溶液保存；对于红色幼虫，可以使用硼砂、50%浓度的酒精配制浸制液，直接将幼虫放入浸制液保存。浸制液的具体比例需要根据昆虫的种类、体型大小做适当调整。

三、内部填充

在填充油葫芦标本时，需要在油葫芦的腹部上切开一个隐蔽的小口，取出内部器官，并从这个小口填入蘸有防腐剂的棉花，以恢复其身体外形。

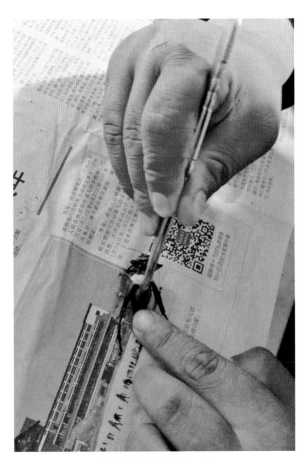

◎ 填充油葫芦标本 ◎

四、整形处理

固定虫体后，用镊子小心地整理昆虫，使其身体、足部、翅膀、触角的姿势合乎自然状态。

待虫体放置干燥后，即可移入标本盒，需要特别小心放置鳞翅目昆虫标本，防止其身上的鳞粉脱落。

◎ 油葫芦标本成品 ◎

如果要制作昆虫生活史标本，因各种昆虫的变态类型不同，各发育阶段时期和习性不同，越冬与越夏的虫态不同，因此需要特别展示昆虫个体或群体生活的全过程，特别是展示一个完整年度内昆虫的生命活动规律，最好还要将昆虫对应的被害植物等相关内容一并展示于标本盒内。

第八节

骨骼类标本的制作

骨骼是动物身体支撑的基础，反映动物个体的大小和各部位的比例。动物标本的制作以及动物生态造型的科学塑造都离不开对动物骨骼及其结构的把握。制作人员需要熟练掌握动物骨骼的基本构造、生理属性以及浅表肌肉的结构，在制作过程中才不至于遗落丢失较小的骨骼，从而保持标本的完整性。骨骼标本一般多为脊椎动物骨骼。

我们以野猪骨骼标本的制作为例，说明动物骨骼标本的制作方法。

一、剔除肌肉和内脏

需要注意在骨骼附近的肌肉剔除时要格外小心，能剔除的肌肉尽量剔干净，但是不能损坏骨骼，还应避免损坏各关节处的韧带，这里可以稍保留一些肌肉。膝盖骨等容易遗落的骨骼一定要保留好。

传统的骨骼类标本制作采用"熟剔法"。顾名思义，是经过剥皮去掉内脏后用清水煮熟，再用镊子剔去附着在骨头上的肌肉，最后将骨骼

◎ 刘嘉晖演示剔除动物骨骼的肌肉 ◎

依据动物的动作特点连接固定，由此制作而成。但这种传统方式现在看来既费时又费力，而且易损伤标本，从而影响标本的分类鉴定与收藏。

现代以来，逐渐流行采用"虫蚀法"制作骨骼标本。即利用一种称为"皮蠹幼虫"的鞘翅目昆虫嗜食肉类的生物习性，清除骨骼上附着的肌肉，取代传统的镊子剔除步骤，收到了较好的效果。

二、腐蚀处理

将剔完肌肉的骨骼用清水洗净，浸入1%至1.5%浓度的氢氧化钠或氢氧化钾溶液中，利用碱性腐蚀掉残留于骨骼上的肌肉，使骨骼处理干净。浸泡需要2至4天，冬季则更长。如果发现韧带发软时，应立即将骨骼从腐蚀液中捞出，转入8%浓度的甲醛溶液中。数小时后韧带硬化，取出用清水洗净，再次浸入碱液中，直到附着在骨骼上的肌肉透明为止。将骨骼取出，用水漂洗数遍，洗去药液残留，再用解剖刀把残留的肌肉剔除干净。

三、脱脂处理

残留在骨骼中的脂肪，在骨骼完全剔除了肌肉一段时间后会逐渐由骨骼间隙中渗透出来使骨骼发黄，并容易沾染灰尘，所以漂洗晾干的骨骼要及时脱脂。虽然腐蚀用的氢氧化钠就有脱脂作用，但为了彻底地清除脂肪，还需要此步骤：将经过腐蚀的骨骼晾干，放置于玻璃瓶中，缓慢加入纯净的汽油或二甲苯，注入至淹没骨骼，盖好瓶口。浸泡5至7天为宜。

四、漂白处理

将脱脂后的骨骼用清水冲洗，晾干后浸泡于1%至1.5%浓度的过氧化钠溶液中，放置3至5天，为了便于观察，建议使用玻璃容器操作，待骨骼洁白后取出，用清水洗净晾干。

五、组装固定

将处理好的骨骼放置于操作台上，将躯体和四肢的姿态整理好，利用细金属丝穿连起骨与骨之间的关节，并加以固定。

穿连是按照骨骼的正常顺序，一块接一块地用细金属丝连接。金属丝由颈椎第一节脊髓腔中插入，穿至尾端为止。颈椎第一节前端多余的金属丝要留有足够余量，用以安装头骨。穿时要按形体弯曲。肩胛骨和第七肋骨要用稍细些的金属丝连接，后肢和髋臼用胶粘牢。为了保持各肋骨的间距及加强肋骨的强度，各肋骨之间使用铜丝或漆包线进行连接咬合，使铜丝先固定于腰椎上，然后分别向两侧浮肋方向咬合，再继续按顺序向前肋逐渐咬合，直至第一肋骨扭合在胸骨柄上，将多余的金属丝截断。咬合时应保持肋骨的适当间距，并注意左右两侧肋骨的对称。前肢用一段金属丝，由第七颈椎侧面的穿孔处横穿过颈椎。然后，金属丝的两端分别由两肱骨附件结节间沟的钻孔处穿至肱骨下端，由右侧的

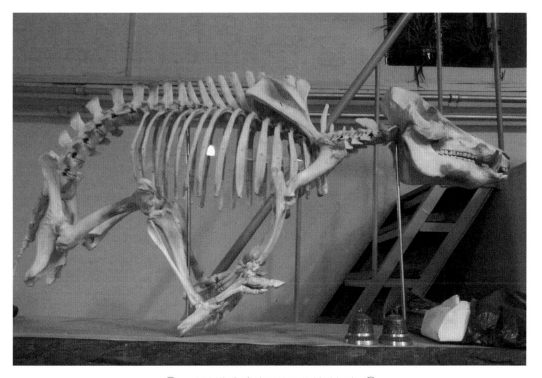

◎ 北刘制作奔跑造型的野猪骨骼标本 ◎

北
刻
动
物
标
本

肘窝伸出。肱骨头与颈椎间应保持一点间距。再将两端的金属丝附在尺骨和桡骨的后端。之后将四肢弯曲成合适的姿态。安装头骨时，先用电钻在合适的位置打眼，用金属丝穿连后，在全身各骨骼补上白胶以定型。

第 四 章

北刘标本的技艺特点与遗产价值

第一节

北刘标本的技艺特点

北刘动物标本的作品外形逼真、生动自然、形态各异、保存期长。之所以能够达到如此效果，主要源自北刘标本的独特技艺优势。

一、剥制操作干净利落

北刘动物标本制作技艺的剥制操作干净利落，力求庖丁解牛，游刃有余。

北刘动物标本制作技艺作为一门源自宫廷的手艺，对技艺水平要求较高。剥制操作是标本制作的重要环节，在动物身体的上下翻飞间，反映出标本制作手艺人的熟练程度。一位手法纯熟、剥制迅速的制作者，可以防止动物尸体腐败过度而影响到标本的制作效果；一位珍视生命、拿捏到位的制作者，可以防止表皮脱毛过多而影响到标本的制作效果；一位一鼓作气、酣畅淋漓的制作者，可以防止皮张损伤过大而影响到标本的制作效果。北刘的标本剥制正是以干净利落的操作手法确立了其独树一帜的品牌地位。

二、假体制作饱满逼真

北刘动物标本制作技艺的假体制作饱满逼真，力图栩栩如生、惟妙惟肖。

北刘在制作手法上习惯采用"假体法"，在动物结构的坚固性、造型姿态的准确性、外在环境的适应性等方面优势明显、特色突出。传统的北刘动物剥制标本的制作方法主要是"捆绑法"。简单地说，就是先用麻刀或稻草、竹丝、木丝等材料，按照动物原有各部位的形态，捆绑出与原动物形态相仿的假体。而后用金属丝连接躯体和头颈部、尾部、双翅及双腿。最后披上动物皮张，再用棉花等填充弥补假体制作中缺少的肌肉，呈现动物身体曲线的丰满感。这样制作的标本，动物机体饱满，姿态生动自然，外形富有灵气，多用于博物馆和展览馆展出。

三、防腐技术出类拔萃

北刘动物标本制作技艺的防腐技术出类拔萃，力争岁月更迭，品质如一。

动物作为有机体，在正常微生物的滋生下必然经历腐败的过程，客观地说，这是不可避免的。但作为动物标本的制作技师，必须要考虑怎样防腐，才能更好地展现作品，对于大师级的制作者更是要拿出独门绝技。防腐环节是在处理毛皮的过程中进行的，看似就是简单地把防腐剂刷在皮毛的里层，但奥妙就蕴藏于防腐剂的成分、配比、用量之中，这正是刘家祖传的独门秘方技术。迄今为止，北刘动物标本制作技艺第一代刘树芳先生的存世作品都已经历百年，却仍保存完好，这就是刘家防腐技术效果出众的有力证明。

四、造型艺术写实会意

北刘动物标本制作技艺造型艺术写实会意，力展物象实体、意态神韵。

动物标本制作是一门科学与艺术相结合的独特技艺。动物的形态标本可作为动物分类学的重要参考资料，因此制作成的标本具有很高的科学价值。用标本匠人的手艺把死亡的动物恢复成其生前的样子，制作成可供观赏的作品，又赋予了标本丰富的艺术价值。试想，一只雄鹰展翅翱翔的自由姿势、一对鸟儿窃窃私语的亲昵形象、一群猛狼虎视眈眈的专注神态，都能给人一种艺术的享受与无限联想。这种打动人心的造型，将静态的造型表现出动态的美，需要标本匠人精心、耐心、用心的设计，很多细节都源于对动物发自内心的喜爱与细致入微的观察。造型设计是沟通欣赏者与制作者的桥梁，好的设计可以使标本制作工艺的艺术附加值达到最大化。北刘的造型设计以写实为基础，会意为目标，注重动物的生态原貌、状态表现、姿态特征、神态韵味。

北刘动物标本

动物标本的造型，有时是形制色彩的描摹，有时又是气韵情志的意趣；有时是触动人心的静景，有时又是生机勃勃的动感；有时是真心实意的表达，有时又是掩人耳目的弥补；甚至有时是别出心裁的尝试，有时又是别有用心的安排。这里列举一些刘嘉晖先生所做的标本，带您领略一下标本造型的魅力。

（一）雪中狼

看似这是一只在厚厚的积雪中坚韧而行的狼，它以顽强的姿态挑战寒冬，生动的样子仿佛能让人听到茫茫雪原中传来的凄厉长啸。但真实的情况是，这个标本作品是用一个破损的狼皮制作而成的，狼皮因缺少腿部而被刘嘉晖巧妙地装饰成雪中之狼的样子。雪景是一个难于实现的场景，因为很难复制出雪花那种蓬松和闪闪发亮的效果，刘嘉晖却很巧妙地解决了这个问题，显示了其在环境造型上的扎实功底和精湛技艺。北刘的造型艺术就是这样，使"别有用心"成就了"别出心裁"。

◎ 雪中狼 ◎

（二）杀鸡焉用宰牛刀

半个牛头，半只鸡，这种被故意夸大了的不协调感，在标本匠人刘嘉晖手中成了这样一件成语释义的标本作品——《杀鸡焉用宰牛刀》，让人强烈地感受到何谓小题大做。

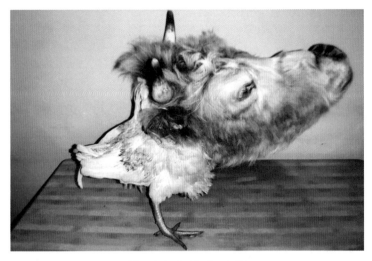

◎ 杀鸡焉用宰牛刀 ◎

（三）乌鸦落在猪身上

一叶障目，不见泰山，掩耳盗铃，自欺欺人。一个人一味地去指责别人的缺点和不是，把别人说得一无是处，却不能发现自身的缺点和

◎ 乌鸦落在猪身上 ◎

不是，是很讨人厌烦的事。在民间，有很多有意思的俗语，仔细琢磨起来，道理深刻、意义深远。就像这句"乌鸦落在猪身上——看得见别人黑，看不见自己黑"，比喻极为形象，但是见到刘嘉晖的标本作品《乌鸦落在猪身上》，更能令人感悟这句俗语的讽刺刻骨三分。

（四）鹦歌艳鹉

为展现鹦鹉作为攀禽的特征就应该有树干枝杈，为彰显其羽色艳丽就应该加强色彩对比，为表现其生机勃勃就应该动静结合，于是刘嘉晖

非物质文化遗产丛书

Intangible Cultural Heritage Series

北刻动物标本

创作了这件标本作品，取名"鹦歌艳鹉"，虽然没有莺歌燕舞中的黄莺歌唱、燕子飞舞，但同样用标本的造型表现出鸟儿喧闹活跃、蓬勃兴旺的景象。

（五）麻雀与高尔夫

记录生活中的巧合与偶遇。对于麻雀而言，飞来横祸让它遭遇了不幸，被一个没长眼的高尔夫球砸中，但不幸的生活也可以坦然地面对，将不幸也升华为一种美，至少是一种造型的美，坦然接受命运的安排，

◎ 麻雀与高尔夫 ◎

微笑着面对生命的一切。

（六）海豚跃水

　　海豚形体优美，背鳍突现，尾部隐于海水中，它从海里高高跃起，自由地玩耍，尽情享受鸟儿飞翔般的欢乐。表现这样一个场景，除了要有精妙的海豚标本，更需要仿真的海水衬托。刘嘉晖的做法是用泡沫刻出海水的造型。很难想象泡沫这种材质能够雕琢出这般层次、质感与色泽。这件作品更表露了标本匠人的雕刻与绘画的功底。

◎　海豚跃水　◎

第二节
北刘标本的遗产价值

北刘动物标本制作技艺是几代人百余年经验与智慧的积淀，蕴含着多维度交织、多层次嵌套的价值体系。

一、历史价值

动物标本制作是人类在认识自然、了解自然、了解自身生存环境和生存文化需求的过程中发展出来的一项技术。标本是研究动物科学史的重要工具。北刘动物标本制作技艺源自清朝末年的北京，受特定历史时期多重因素，特别是皇家宫廷因素的影响而产生，是我国北方地区标本制作的杰出代表。在历史学方面，北刘动物标本制作为研究早期标本学知识技能的中外交流的历史，特别是近代西学东渐的历史，提供了丰富的实证材料和研究样本。"北刘"与"南唐"共同承载着我国传统动物标本制作技艺的百余年发展，价值丰厚。

二、科学价值

世界上每天都有物种消亡，标本制作者把死亡的濒危动物制作成标本长久保存，尽力把动物最完美的一面保存下来，用作品记录动物的体貌特征，留与后人，对自然科学中动物学，特别是动物分类学的研究、教学、科普都具有极其重要的意义。在动物分类学研究方面，标本是新物种发现和新分布区记述的唯一可供检查和研究的证据。动物分类学的发展，在很大程度上得益于对世界各地博物馆所收藏的成千上万的动物标本的比较研究。在教学和科学普及宣传方面，一件姿态栩栩如生的标本是最好的教学工具，它甚至让观察者终生难忘。有计划地进行系统的科学采集和标本制作、收藏，是具有战略意义的一项学科基础建设工作。它不仅能反映当地动物生存的现状，也能反映物种在人类影响下的历史变迁。动物采集和标本制作是涉及多种知识的一门科学，一个有着完整的测量数据记录并且制作精美的标本，其科学价值与艺术价值是永存的。此外，动物标本再现了动物的活态形象，对于公众认知动物，了解大自然，促进形成野生动物保护意识，保护生物的多样性，具有不可忽视的积极作用。北刘当代主要代表性传承人在继承家族传统技法的同时，充分利用现代新科技、新材料、新方法，开创出一套传统与现代相结合的标本制作技术，并将标本制作融入生物教学、动物保护、自然科学普及等更广阔的领域，赋予了这一非遗技艺更加深远的科学意义。

三、艺术价值

动物标本制作技艺既是一种手艺，也是一门艺术，是标本制作匠人与生灵在艺术与灵魂层面的对话，是对动物生命的重塑。雕塑家在制作泥塑模型时不受皮毛、羽毛、骨骼的影响，可以按照自己的想法雕琢出动物的塑像，而标本制作匠人不仅要使标本的大小和比例都正确，而且要和特定的皮毛、羽毛相称，因此，和雕塑相比，动物标本的制作在操作性方面更具难度。标本制作匠人精雕细琢，让动物"死而复生"，用手艺使其成为一件打动人、触动心的艺术品。运用动物的身体以不同力度、幅度、角度进行接近于自然的造型，使得观赏者在这种直观的静态造型中产生一种直观性的审美效应，给观赏者带来不同的想象空间。作品凝结了标本制作匠人用心的设计、细致的造型、手工的操作，带有制作匠人双手的余温，具有一定艺术欣赏价值与生态美学价值。北刘动物标本制作技艺源于清代皇族需求，并流传民间、分散四野，因此，北刘的作品不仅有不计工本追求精益求精的宫廷文化品位，又兼具适应各阶层审美需求的市井文化风韵，适合各类艺术收藏。

四、文化价值

北刘动物标本制作技艺创始于清代，是北京乃至我国北方地区文化的重要内容之一，反映老北京人喜好花鸟鱼虫的文化生活，富含京味文化特质，具有重要的文化价值。北刘动物标本制作技艺既是有关自然界的知识和实践，也属于传统手工艺，是北京文化多样性的生动写照，已被列入北京市级非物质文化遗产代表性项目名录。在非物质文化遗产保护的视角下，与传统手工技艺相关的历史源起、发展历程、技艺手法、师承脉络、地域特色及文化内涵等受到广泛关注，北刘动物标本制作技艺的文化属性得以凸显。

第五章

"北刘标本的保护与发展"

第一节

北刘标本制作技艺的传承与传播

在第四代传承人刘嘉晖的带领下，北刘动物标本制作技艺当前努力解决发展中遇到的各类问题，积极推动这项技艺的传承与传播，使这项非物质文化遗产保持了良好的存续状态。刘嘉晖着力开展传承人才培养工作，努力培育良好的传承氛围，培植有潜质的后辈力量，积极参加非物质文化遗产保护的各项活动，并创造条件开设有针对性的技能培训课程，培养社会化的传承队伍，持续推动这项技艺"进校园"与"进社区"，普及、宣传、推广北刘动物标本制作技艺，并开拓崭新的发展领域，不遗余力地传播北刘动物标本制作技艺知识，践行非物质文化遗产"见人见物见生活"的保护理念。

一、扩大传承人群

非物质文化遗产传承的核心是人和社会实践。因此，除了保护遗存、保护环境，还需要保护实践，扩大传承人群，提升传承人群的传承水平和文化创造力。自申报非物质文化遗产项目以来，刘嘉晖积极响应联合国教科文组织倡议，拓宽传承体系，由传统的"家族式传承"转向更为开放的"师徒式传承"，广泛招收具有标本制作热情的徒弟，积极培养北刘动物标本制作技艺的第五代传承人群。自2006年收第一位徒弟王艳萍开始，至今一共收张二红、李永久、宋立东、种宝林、唐松涛、刘敬辉、徐欢、郑满、刘冬硕等60多人为徒。其中，多数徒弟已经掌握独立制作动物标本的技术，并在标本制作行业有所建树。可以说，刘嘉晖如今已经使北刘技艺传承得以开枝散叶，桃李满天下，为北刘动物标本的传承、发展、弘扬做出了积极贡献。

"师带徒"是非物质文化遗产传承更替、得以延续的保证，由"家族式传承"转向"师徒式传承"对于刘嘉晖来讲，是扩大北刘动物标本

◎ 刘嘉晖在北刘传承基地传授标本制作知识 ◎

制作技艺受众群体的必由之路。选徒弟归根到底，要选人品端正、为人诚实的人；同时，师傅教给徒弟最重要的也不是手艺，而是足履实地的人生观。正所谓："标本"中有"标"也有"本"，讲的就是做人，要有标准、尽本分。单纯从技艺方面讲，掌握丰富的动物解剖学知识与拥有较强的动手能力，是一个一流标本制作传承人的必备条件，但是对动物的喜爱才是技艺传承下去的不竭动力，用刘嘉晖的话说，就是"做标本的人就得天生喜欢动物"。

谈起培养徒弟，刘嘉晖感触很多："每天和动物的尸休打交道，脏、血、味儿，确实不容易，并不是谁都能接受这项工作。要想从事这项工作，首先必须喜欢动物，要有发自内心的喜欢；其次是善于观察，对动物的喜爱要化为理解动物的动作，骨骼、关节、肌肉的状态都要了如指掌。同时，标本制作是涉及多种知识的一门学科和手艺，所以在热爱这项事业的基础之上还需要有灵性。"对于每个徒弟，他除了教技艺，更会语重心长地讲这些年做标本的心得体会："做标本靠手上的技艺，更需要靠心的感悟，作品就自然而然地融入了自己的灵魂。你们看吧，标本就是你们的写照，谁做的标本就会像谁，这都是不自觉的。所

◎ 刘嘉晖给弟子们讲解标本制作 ◎

◎ 刘嘉晖教授徒弟张树生制作鳐鱼标本 ◎

以心情好的时候才能干活，心情不好就不干，因为心情不好的话，活也干不好，做出来的标本表情都不会好。"

二、加强网络宣传

自北刘动物标本制作技艺被列入北京市级非遗代表性项目名录以后，刘嘉晖更加积极主动地参与各种非遗保护传承与宣传推广活动，开

◎ 北京清黎阁标本有限公司官网 ◎

设社会实践课程，宣传讲授标本制作技艺，同时，依托互联网，增设线上宣传空间，加大传播力度。

三、参与展示推广

自从申报北刘动物标本制作技艺为非物质文化遗产以来，刘嘉晖作为项目主要传承人，亲自参加各类非遗展演、展示、推介等活动。特别是被认定为北京市级非遗代表性传承人之后，他以更大的使命感、责任心、影响力，积极参加了文化和自然遗产日活动、北京国际文创产品交易会、春分·朝阳民俗文化节、"魅力非遗情系京西"北京地区非遗表演创作展、春节庙会活动等一系列非遗展示展演活动。每次活动

◎ 积极参与非遗展示推介 ◎

北刘动物标本

都会携带孔雀、红腹锦鸡等能够鲜明呈现北刘精湛技艺的作品宣传展示这项非物质文化遗产；也会准备大量蝈蝈（螽斯）、油葫芦（直翅目蟋蟀科）、蝴蝶等鸣虫、赏虫，来引起观众兴趣，唤醒儿时记忆，参与互动体验，在展示现场亲手制作一只属于自己的昆虫标本，通过这种与观众的近距离交流，推广这项非物质文化遗产。

◎ 刘嘉晖参加2019北京国际文创产品交易会 ◎

◎ 刘嘉晖参加2019年春分·朝阳民俗文化节 ◎

四、重视非遗进校园

为了普及非遗知识，培养后辈传承力量，刘嘉晖一直重视"非遗进校园"活动。他将这项非遗技艺带入各个小学、中学，甚至大学课堂，竭尽所能地亲自传授北刘动物标本制作技艺，扩大这项技艺的影响力。

◎ 刘嘉晖在朝阳区劲松第四小学参加"非遗进校园"活动 ◎

◎ 刘嘉晖在黄庄职业高中讲授中国标本史和昆虫标本制作 ◎

◎ 刘嘉晖在工作室向北京联合大学师生介绍标本制作技艺 ◎

五、推动非遗进社区

刘嘉晖也不遗余力地参加各个社区组织的"非遗进社区"活动，努力营造全民共享的社会传承氛围。如翠城雅园社区"青少年暑期活动——小小生物家"活动、香河园街道西坝河东里社区"传习趣"活动、樱花园社区青少年暑假活动标本制作活动、农展南里社区的居民共享非遗活动、平房社区服务中心非遗互动体验活动等，都留下了他亲自讲授北刘动物标本制作技艺的身影。

◎ 刘嘉晖在香河园街道西坝河东里社区参加"传习趣"活动 ◎

◎ 刘嘉晖在翠城雅园社区参加"青少年暑期活动——小小生物家" ◎

◎ 刘嘉晖在农展南里社区讲授中国标本史和昆虫标本制作 ◎

◎ 刘嘉晖在樱花园社区参加青少年暑期活动教孩子们制作标本 ◎

◎ 刘嘉晖在平房社区服务中心参加"非遗进社区"活动 ◎

六、拓宽标本产业

现在，清黎阁的业务主要来自标本圈子自然的口口相传。总是有各类标本需求者慕名而来。例如，中央美院艺术专业的学生为准备艺术展览会定制作品，需要定制一个身长两米的猪骨骼标本像龙似的盘绕在柱子上，刘嘉晖就会立马拿起电话打给杀猪厂的朋友："给我送1个猪头，4头猪的脊椎骨加尾巴"。

迄今为止，刘嘉晖已经制作了形形色色、不计其数的动物标本，大到身长5米的海鱼，小到拇指般大的五彩鸟。为了弘扬祖业，刘嘉晖在积极开展标本制作工作的同时，也努力开拓家族标本制作相关的其他业务，将保护、饲养、繁殖野生动物和标本制作融为一体，在传承保护中践行动物保护理念。

一方面，他饲养各种名贵犬种、猫种，与宠物动物爱好者建立起良好的交流圈。同时，也饲养信鸽、油鸡、鹦鹉、画眉等禽类动物，既能满足自己的喜好，体现一个地地道道北京人养鸽玩鸟的生活写照；也能用来观赏，吸引观众，扩大"北刘"与"清黎阁"品牌的影响力；还可以利用亡故的动物来制作标本，促进标本制作技艺的保护与传承。

2010年，刘嘉晖在北京联合大学资产管理公司工作的同时，着手成立了北京联合大学

◎ 北刘犬舍的登记证书 ◎

◎ 北刘鸽舍的信鸽协会棚号 ◎

导聋犬训练基地，这是我国首家进行导聋犬训练、研究和无偿扶助残疾人的专业机构。导聋犬是经过严格挑选和专业训练的特种工作犬，主要为有听力障碍的人士服务。国际上大多数导聋犬都是从专门的社会动物

◎ 导聋犬训练中心人员合影 ◎

◎ 刘嘉晖训练的导聋犬 ◎

◎ 刘嘉晖训练的第二代导聋犬 ◎

收养机构里挑选有潜质的遗弃犬加以训练而成的，在1000只普通狗中一般只有少数几只才能成为优秀导聋犬。也是缘于对动物的热爱，执着的刘嘉晖精选出有潜质的犬，不断摸索导聋犬的训练方法，通过一遍又一遍的声音训练和与聋人共处训练，最终在2011年5月14日，导聋犬训练基地正式落成，并举行了首批导聋犬捐赠仪式，刘嘉晖因此成为中国导聋犬培训第一人。

基于从小对钓鱼的喜欢，刘嘉晖还一直保持着垂钓的爱好。并凭借老太爷刘树芳留下的钓鱼饵剂神器——北刘小药，成为钓鱼圈中的佼佼者。刘嘉晖为了满足现代人对垂钓的不同需求，在实践中改进了祖传的鱼饵配方，丰富了"北刘小药"的品类，开发出北刘壹号（浓香）、北刘贰号（清香）、北刘集结号、北刘鱼妖、北刘鲫剂等产品。2009年5月，刘嘉晖获得了钓鱼项目国家二级裁判员资格。

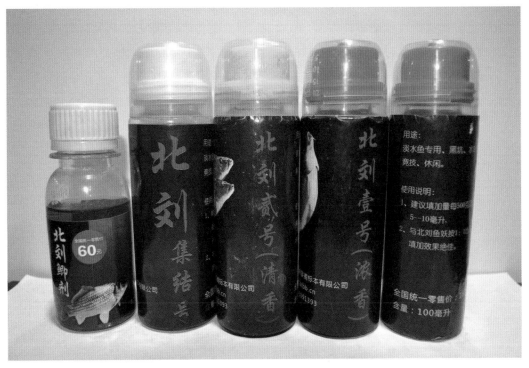

◎ 北刘钓鱼饵料——北刘小药 ◎

第节

标本匠人的"标"准与"本"分

北刘动物标本制作技艺的申报单位"北京清黎阁标本有限公司"已在顺义区自筹资金建设了占地6亩的北刘标本馆、大师工作室、传承教室等一系列非遗保护配套设施，守正创业、开拓创新、矢志不渝，如今硕果累累的清黎阁实现了标本制作匠人"有标准、尽本分"的承诺。

一、尊重生物的多样性，保护濒危的野生动物

标本制作的对象是动物。随着动物保护理念深入人心，以及人们对正在消失或被破坏的自然环境的留恋，对逝去宠物的怀念、对各种珍稀收藏品的爱好，重新燃起了人们对自然的热情和对合法、可持续地获取动物的认可。制作动物标本是为了让更多的人了解自然界生物多样性的特点，让大家热爱科学、热爱大自然、自觉保护动物，孩子们也可以从这些动物标本中获取对自然界的认识。动物标本制作让人们重新认识了动物的重要性，激发了人类与动物和谐共生的可持续发展意识。标本制作者只有充分尊重生物的多样性，才有可能继而尊重文化的多样性。从《保护非物质文化遗产公约》的伦理原则角度看，标本制作者追求的艺术之所以合乎伦理道德，是因为其采用的是自然死亡的动物尸体，其剥制行为与狩猎剥制有着天壤之别。因此，标本匠人首要的执业标准就是贯彻落实《中华人民共和国野生动物保护法》《中华人民共和国陆生野生动物保护实施条例》《中华人民共和国水生野生动物保护实施条例》《中华人民共和国濒危野生动植物进出口管理条例》《中华人民共和国动物防疫法》《中华人民共和国进出境动植物检疫法》《中华人民共和国水生野生动物利用特许办法》等一系列我国现有的法律法规要求，依照《国家重点保护野生动物名录》与《国家保护的有益的或者有重要经济、科学研究价值的陆生野生动物名录》做好野生动物的保护工作。绝

不能将标本做到子孙后代没有标本可做的地步。

二、选徒看人品，培养健康的传承队伍

培养后继人才是非物质文化遗产保护工作的重中之重，是非遗得以薪火相传、文化得以赓续不断的不竭动力。传承人的角色应当首先是既上承又下传的传承者，而后才是技艺创新的实践者与文化遗产的宣扬者。发展传统手艺，壮大传承队伍，才能守住技艺之根、文化之魂。因此，重视正规教育、加强能力建设也是联合国教科文组织明确提出的非遗保护措施之一。自2006年起，刘嘉晖就开始进行专业人才的培养，至今已陆续培养出能够独立制作标本的后辈人才60多名，传承范围涉及北京、天津、河北、内蒙古、黑龙江、吉林、辽宁、新疆、山西、河南、福建、湖南、江西、广东、江苏、四川等地。刘嘉晖选徒弟看重的不是天赋，而是人品。手艺人重传统，先有传承之心，才能有师承之意，因此，急功近利、好高骛远、心术不正者，都必定不能成器。其次，所谓手艺正是不断实践、不断积累经验、日复一日磨炼的结果，没有对动物由衷的喜爱也必定无法坚持。

三、设立特色标本展馆，加强公益性传播教育

北京清黎阁标本有限公司以"一个博物馆就是一所大学校"的展示理念，找准标本展馆的特色功能定位，在北京市顺义区龙湾屯镇建成了占地450平方米的"北刘标本馆"。馆内重点展示了中国标本发展史、北刘发展历程、部分北刘动物标本代表作品等，现陈列有兽类、禽类、鱼类、昆虫类等200多种标本，并不断更新扩充中，同时配有教学空间，可以用作非物质文化遗产展览展示、宣传推广、传习教育、培训授课等，努力打造多载体、多层次、多元化的非遗宣传展示平台。该展馆作为北刘动物标本制作技艺的公益性展示场所，坚持对外免费开放，展示了北刘动物标本制作技艺的经典作品，提升了标本类非遗展示馆的文化品位，打造了非遗保护与传播推广的阵地，让民众得以共享非遗保护的实践成果。

四、融合饲养繁殖保护，营造良好的传承环境

北刘将动物饲养、繁殖、保护等工作与标本制作融为了一体。保护动物的理念之一就是保护动物的生存环境，因此北刘的动物饲养、繁殖、保护也都建立在生态养殖的基础之上。比如，刘嘉晖利用信鸽的鸽笼下的空闲空间饲养了一群元宝鸡。元宝鸡个小、肉嫩、蛋黄，还是有名的观赏鸡，散养的可以吃上面鸽笼掉下的谷物，活着能下蛋，死了也能成为食物、做标本。2020年，借着给北京农林科学院做北京油鸡的机会，刘嘉晖又养殖了一群北京油鸡。这样，既能观察动物习性，又能将死了的鸡供应标本原料。除此之外，北刘犬舍、猫舍饲养的犬、猫也都是名贵品种，可以进一步开拓导盲犬训练的业务，也能结识更多喜欢宠物的朋友。饲养、繁殖这么多动物，刘嘉晖每天都要花费大量时间和精力用于打扫和防疫，但他却忙得不亦乐乎，因为对动物有爱，所以就有了保护传承的动力。

五、注重进校园进社区，普及基础的非遗知识

北京清黎阁标本有限公司近年来为北京市海洋馆、北京市上地实验学校、首都钢铁学院附中、北京市第十一中学、北京疾病预防控制中心职业卫生所、北京武警总队雪豹突击队、总后科技服务站等多家科研及教学单位制作和修复了大量的动物标本及教学标本。为了普及非遗知识，刘嘉晖在培养后辈传承力量的同时，也注重非正规教育方式的开展。他创造条件努力推动这项技艺"进校园"和"进社区"，为朝阳区劲松第四小学等多所学校、香河园街道西坝河东里等多家社区举办了动物标本制作科普知识讲座。他发挥北刘动物标本制作技艺在科普、社会实践教育等方面的优势，积极筹备编写标本制作校本教材，设计制定社区及学校的标本实践课件，规范整理授课标准内容。他通过为小学及社区讲解中国标本发展史与教授初级标本制作方法，让孩子们与社区居民更加浅显易懂地理解、接受、体验这项非物质文化遗产技艺，传播了标本制作的相关知识，拉近了青少年与非遗之间的距离，提升了社区居民的参与度，增强了广大居民的文化认同感。

第三节

老字号"清黎阁"的挑战与机遇

在这个科技和网络飞速发展，市场与需求瞬息万变的新时代，非遗老字号清黎阁面对的是百年初心下标本制作品牌的新挑战。在这个机遇与挑战并存的时代，北刘的中坚力量当珍视这个非遗被广泛认可的历史时代，抓住这个文化被广泛接受的发展机遇，推动一路风尘仆仆、风雨兼程的清黎阁继续破局开路、涅槃重生。

一、工艺+科技

时代在演进，技术在发展，传统工艺要想获得可持续的发展，必须与时俱进，激发传承人的创造力，为工艺的不断进步留下这个时代技术与文明的印记。在科学技术的推动下，北刘应积极钻研前沿的专业知识，研究并开发一切对于标本制作有益的制作设备及相关产品，提升工艺水平，改进包括义眼、假体、相关动物模具以及专业制作工具等材料装备。同时，紧跟科技潮流，升级防腐等化学制剂技术，提升标本的品质。

二、科普+传承

动物标本制作与动物学联系紧密，可以说，动物标本制作鲜明的主题和生命力是为动物学服务，并促使动物学得到系统的发展和广泛的传播，因此非遗传承理应伴随着科普教育一同开展。北刘清黎阁应继续在社会科普活动中促进非遗传承，同时利用非遗传承活动推动社会科普教育，继续针对社区组织举办寒暑假科普训练营，联系大、中、小学，将非遗技艺带进校园。

北刘动物标本

三、展示+体验

非物质文化遗产是一种以人为载体活态传承的文化遗产，每件作品都凝结着匠人的汗水和手工的温度，是独一无二的，这也是其文化内涵的组成部分。因此，在非遗展示中应该融入体验的环节，让参观者成为参与者，让遗产的享受者转变成遗产的持有者。北刘清黎阁当下亟待解决的是建立起一套受众满意的完整展示、体验流程体系，展现北刘的质量、信誉与特色。

四、传统+网络

北京清黎阁标本有限公司自成立之日起就在互联网上建设了网站。依托互联网进行着长期的非物质文化遗产宣传和推广工作，让更多的人对中国标本发展史有所了解，也对这项传统手工技艺有了基本认知。迄今为止，北刘清黎阁的客户一般都是通过互联网找上门的，比如艺术家、宠物标本定制者等，因而刘嘉晖暂时没有在宣传上投入太多精力。而刘嘉晖已经认识到，对于当代的北刘，面对多样化的全新市场，要想发展得更好，就需要直面更多的品牌传播挑战，更新发展理念，充分利用好互联网、云技术、新媒体等现代网络传播技术，把握品牌传播的技巧，将吆喝声喊到全国，讲述北刘的匠心故事，更好地树立清黎阁标本品牌形象、探索传播途径、开拓作品市场、焕发时代活力。同时，还要打通标本制作的产业链，向中高端品牌价值不断延伸。

五、非遗+旅游

非遗与旅游的融合是当下的时髦理念，文化是旅游的灵魂，旅游是文化的载体，文旅融合的大背景为非遗开辟了活化的路径。从文化遗产保护的角度看，非物质文化遗产只有融入当代的生产生活，才能保持文化创造的活力，为子孙后代留下更为丰厚的文化遗产；从旅游产业的角度看，我国的经济发展已经进入一个旅游文化产业化的新阶段，非遗作为富有地方特色的优质活态文化资源，将在繁荣地区旅游业以及提升旅游从业者幸福感、获得感方面发挥重要的作用。北刘将尝试把标本制作技艺融入旅客的文化体验之旅中，为旅客提供全方位的服务，为旅客的旅途增添乐趣。让旅客不仅能欣赏鲜花、采摘果蔬、体验垂钓、喂养动物，还能动手制作标本，感受标本制作技艺的魅力。

北刘未来发展的规划与构想

"北刘"是五代人传承百余年的精湛工艺，是被时间所见证的标本制作品牌。北京清黎阁标本有限公司作为北刘动物标本制作技艺的项目保护单位，将继续贯彻落实《保护非物质文化遗产公约》《中华人民共和国非物质文化遗产法》《北京非物质文化遗产条例》等一系列法律法规，踏踏实实、循序渐进地做好确认、立档、研究、保存、保护、宣传、弘扬、传承、振兴等工作，秉承"见人见物见生活"的保护理念，确保北刘动物标本制作技艺的生命力。

一、梳理历史资料，建立非遗档案

下一步，北刘清黎阁将梳理资料、编辑出版北刘动物标本制作技艺书籍，研发幼儿、小学、中学等成体系的标本制作教材，编撰标本制作相关科普读物，把品牌故事与制作技术标准融为一体。同时，进一步研究北刘动物标本制作技艺的历史与传承发展，不定期地召开学术研讨会、座谈会，建立非遗档案，努力实现档案的数字化，以电子化管理的方式保管非遗档案，适时建立北刘动物标本制作的数据库。

二、申报国家项目，提升保护级别

下一步，北刘清黎阁将立足北京市级非物质文化遗产代表性项目保护承诺，深入挖掘北刘动物标本制作技艺所承载的优秀传统文化内涵，总结其历史、科学、艺术、文化价值，全力申报国家级非物质文化遗产代表性项目，提升北刘标本的保护级别，展现北京非遗的文化多样性，推动全民对我国传统标本制作手艺的文化认同。同时，继续努力做好非遗传承工作，面向社会培养动物标本制作的专业人才，在传授传统知识的基础上，把实践过的最新、最好、最精的标本制作技术传授给喜爱标本的人，并使其达到可独立制作具有一定专业水准动物标本的能力与水平。

三、丰富标本展馆，扩大展示空间

下一步，北刘清黎阁将努力发展壮大自身，逐步积累更多的标本品种，丰富北刘标本馆的藏品，不断建设馆藏门类齐全、展陈方式丰富、保存管理科学的动物标本展示馆。同时，积极扩大展示的维度与空间，在硬件上实现不了的，就利用网络新媒体技术实现，力争搭建好北刘标本馆这个富有特色的公益宣传平台，进一步推广北刘的认知度与影响力。

四、开发文创产品，提升品牌价值

文创产品凝聚着特色文化精神，也连接着消费市场，开发符合消费者心理的文创产品，可以提升北刘清黎阁的品牌价值。北刘的标本曾作为国礼赠送给了国际友人，具有促进文化交流的作用。如今，北刘将对北京的历史文化资源进行整合吸收，聚焦动物标本相关的或能够关联的事物，研制和开发"北京礼物"的标本类文创产品，展现北刘的精品力作与艺术水平，实现自身品牌的再塑造与再提升。

五、借力文旅融合，促进产业升级

针对技艺特色，北刘需要寻找非遗保护传承和旅游商业开发间的平衡点。保护传承是目的，旅游开发是手段，良性合理的商业开发将为北刘的传承发展提供充裕的资金，提高非遗的社会影响力和认可度，并能够借力文旅融合促进产业升级。下一步，北刘清黎阁将筹集资金，建设集非遗讲堂、互动体验、科普宣传、教育教学、旅游度假、休闲娱乐、公益服务于一体的文旅产业园区。在开发的内容上，找准客户定位，如女士喜欢蝴蝶，男士偏爱鸣虫，老人爱好垂钓，孩子热衷科普，力图提供多种选择，多措并举，增强北刘标本的美誉度，提升非物质文化遗产的自我造血能力，让非遗重新焕发活力，为传统手艺注入时代的生机。

六、动员社会力量，构建保护体系

非遗的传承发展离不开社会大环境的认可与支持。下一步，北刘清黎阁将充分利用社会资源，广泛动员各方力量，努力将北刘标本非遗传承基地打造为集大师工作室、动物标本展示馆、科普教育基地、社会大讲堂、非遗公益宣传平台、动植物活体展示基地于一体的综合场所，构建结构化、多元化、立体化的非遗保护体系，提升北刘动物标本制作的存续力。

七、注重文化交流，实现成果共享

不同文明间的交流互鉴，让世界更加丰富多彩，也为不同地域、不同国度、不同民族之间的合作提供了强大支撑。北刘的传承人们也很赞同费孝通先生的十六字箴言——"各美其美，美人之美，美美与共，天下大同"，愿意成为文化交流的使者，在交流中提升自身技艺水平，达到共享非遗保护成果的初衷。

北刘标本代表人物

第六章

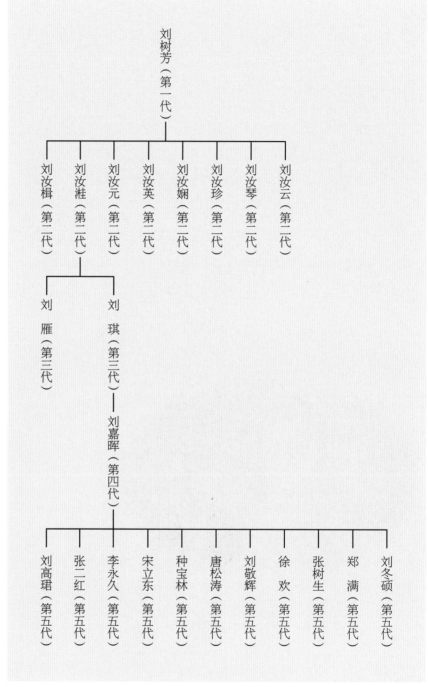

刘树芳（第一代）

刘汝楫（第二代）　刘汝湡（第二代）　刘汝元（第二代）　刘汝英（第二代）　刘汝娴（第二代）　刘汝珍（第二代）　刘汝琴（第二代）　刘汝云（第二代）

刘雁（第三代）　刘琪（第三代）——刘嘉晖（第四代）

刘高珺（第五代）　张二红（第五代）　李永久（第五代）　宋立东（第五代）　种宝林（第五代）　唐松涛（第五代）　刘敬辉（第五代）　徐欢（第五代）　张树生（第五代）　郑满（第五代）　刘冬硕（第五代）

◎ 北刘动物标本制作技艺传承谱系图 ◎

第一节

创业之祖——刘树芳

刘树芳（1892年6月—1952年6月），男，号稚泉，满族正蓝旗人，生于直隶省宛平县（现北京市）。中国近代生物学家，北刘动物标本制作技艺创始人，中国传统标本制作技艺的先驱，中国最早一批受过专业培训的标本制作技师。早年曾就读于清政府为旗人开设的八旗子弟学堂；1907年，就读于京师大学堂。1908年起，创业于清末皇家敕建的农事试验场万牲园，特为慈禧太后定制动物标本。20世纪20年代中期，在西直门外小五条开办"清黎阁制造标本处"，成为中国标本制作销售的第一人。历任清末农事试验场、民国北平动物研究所、新中国北京动物园的标本制作负责人，曾讲学、传艺于吉林长白师范学院生物系、北京师范大学生物系等高校，在标本制作与野生动物的饲养、繁殖等方面都贡献突出。首创"假体法"制作各类动物标本，独创以传统中药材制作防腐制剂，擅长采用石膏翻模方式制作假体，善于制作中国及一些世界范围的哺乳动物标本，标本作品富有画意。刘树芳一生制作了大量动物标本，其代表作品有：清农事试验场早期各类动物标本、新中国第一件亚洲象标本、白玉绶带（一对白色长尾练雀标本）等。亲自传授家族技艺于8个子女：刘汝楫、刘汝湴、刘汝元、刘汝英、刘汝娴、刘汝珍、刘汝琴、刘汝云，其中次子刘汝湴与四子刘汝英两人学有所成、有所建树，并专业从事标本制作工作。

◎ 刘树芳观察他饲养的幼狮 ◎

第二节

传业之悌——刘汝湉、刘汝英

一、刘汝湉

刘汝湉（1917年6月—1990年2月），男，汉族，出生于北京新街口小五条（现西城区），北刘动物标本制作技艺第二代传承人，刘树芳的次子。自幼跟随其父亲学习家传标本制作技艺。1935年，成为北京中法大学练习生；1937年，成为农事试验场动物园练习生、管理员；1939年，随父亲一起到北平大学农学院生物系担任标本剥制及教学工作；1940年，独立承担北平大学农学院生物系的标本剥制工作；1945年因躲避战乱到徐州制茸厂工作；1946年，成为吉林省长白师范学院生物系的助理员；1949年，经卫生部批示，成为长春鼠疫防治所标本制作技师；1957年，调至中国医学科学院流行病学微生物学研究所担任标本室主任技师。一生制作了大量标本，在工作实践中继承、总结、改良了父亲的标本制作技术，同时涉足医学标本制作领域，为新中国传染病防疫做出积极贡献。代表作品有：慈禧太后宠物鹦鹉标本、群鼠生活状态剥制标本、人类骨骼串联标本等。主要传授技艺于女儿刘雁和长孙刘嘉晖。

◎ 北刘动物标本制作技艺第二代传承人刘汝湉 ◎

二、刘汝英

刘汝英（1930—1970年），男，汉族，出生于北京新街口小五条（现西城区），北刘动物标本制作技艺第二代传承人，刘树芳的四子。自幼跟随其父学习家族标本制作技艺，1950年起，随父亲进入北京西郊公园（现在的北京动物园前身，1955年改为现名）工作，在标本剥制室担任标本技师。1952年刘树芳病逝后，独立主持标本室的标本制作工作。熟练掌握兽类、禽类、爬行类、鱼类等各类动物标本制作，擅长家族传承的"假体法"。一生制作了大量动物标本，为新中国动物研究做出积极贡献。代表作有：1962年所制小青马标本（现在作为国家一级文物陈列于延安革命纪念馆）、动物园的虎标本等。主要传艺于牟培刚、王金刚、陈家贤等北京动物园第一批工作人员。

◎ 刘汝英（右）指导徒弟制作标本 ◎

第三节

守业之人——刘雁

刘雁（1952年10月—2021年2月），女，汉族，出生于北京市门头沟区，北刘动物标本制作技艺第三代传承人，刘汝溎唯一的女儿。自幼跟随其父学习家族标本制作技艺。1969年，进入内蒙古生产建设兵团。1976年回京，工作于中国医学科学院流行病防治研究所（现中国疾病预防控制中心传染病预防控制所）图书馆，2007年退休。虽不职业从事标本制作行业，但在民间作为家族传承者仍掌握着北刘动物标本制作技艺核心技术，是刘家第三代中的杰出代表。擅长制作禽类标本及草原动物标本。代表作：羊群标本、奶牛标本、红腹锦鸡标本等。

◎ 北刘标本制作技艺第三代传承人刘雁 ◎

第四节

兴业之辈——刘嘉晖

　　刘嘉晖（1970年8月—　　），男，汉族，出生于北京市东城区，经济管理专业本科毕业，北刘动物标本制作技艺北京市级代表性传承人，刘汝溎的长孙，北刘第四代传人。1979年起，跟随其祖父刘汝溎系统学习家传标本制作技法，全面掌握北刘动物标本制作技艺。2006年，恢复家族老字号"清黎阁"，成立"北京清黎阁标本有限公司"，致力于北刘标本制作技艺的传承发展，为国内科研单位制作了大量动物标本，至今已从事标本制作40余年。注重家族传统标本技艺的创造性转化与创新性发展，在掌握传统制作技法的同时，不断改革创新，充分利用现代新技术、新材料、新手段，总结出一套传统与现代相结合的标本制作技术新方法。将野生动物保护、饲养、繁殖与标本制作融为一体，熟悉各类动物标本的制作方法。擅长家族传统的"假体法"，在动物结构的坚固

◎ 北刘动物标本制作技艺北京市级代表性传承人刘嘉晖 ◎

北刘动物标本

性、造型姿态的准确性、外在环境的适应性等方面优势明显、特色突出。代表作品：非洲雄狮标本、雪豹标本、红嘴相思鸟标本、金雕标本、麻雀标本《寒雀图》、北京海洋馆海洋动物系列标本等。主要传授技艺于女儿刘高珺和徒弟张二红、李永久、宋立东、种宝林、唐松涛、刘敬辉、徐欢、张树生、郑满、刘冬硕等，至今已达60余人。

第五节

后起之秀

一、刘高珺

刘高珺（2004年7月—　），女，汉族，出生于北京市朝阳区，北刘动物标本制作技艺第五代传承人，系刘嘉晖的独生女。作为北刘标本的嫡系传人，2014年，10岁时便跟随其父亲学习家族标本制作技艺，是现今北刘家族第五代中唯一的标本制作技艺传承人。学业之余，时常帮助父亲制作标本，参加各类非遗展览展示宣传活动，传播北刘标本制作与动物保护、饲养等知识。熟知标本制作动作要领，现已掌握家族标本制作技法，能够独立制作各类动物标本，皮毛剥制位置准确、手法娴熟、动作敏捷。善于运用北刘家族传统的"假体法"，擅长制作禽类、鱼类、兽类等标本。代表作品：草狐标本、金刚鹦鹉标本、红腹锦鸡标本等。

◎ 刘高珺 ◎

二、张二红

张二红（1984年2月—　），男，汉族，出生于河北省保定市澧县、北刘动物标本制作技艺第五代传承人，北京市朝阳区级非遗项目代表性传承人。2010年起，拜刘嘉晖为师学习北刘动物标本制作技艺，此后一直跟随在刘嘉晖身边系统学习、实践，从未间断。现已掌握北刘动物标本制作方法，能够独立制作各类动物标本，是北京清黎阁标本有限公司的主要成员。2019年1月，被正式认定为北刘动物标本制作技艺项目的朝阳区级代表性传承人。标本制作经验丰富，擅长制作鱼类标本，并在长期处理鱼皮表面褪色问题方面积累了丰富的实践经验。代表作品：北京油鸡标本、鹰标本、孔鳐标本等。

◎ 张二红 ◎

三、徐欢

徐欢（1982年9月—　），男，汉族，出生于湖北省仙桃市，北刘动物标本制作技艺第五代传承人，武汉忆友标本有限责任公司总经理。2006年，毕业于武汉理工大学法律专业。2011年起，跟随刘嘉晖学习北刘动物标本制作技艺。同年成立武汉忆友标本有限责任公司。现主要从事动物饲养繁殖、动物训练、动物标本制作行业。目前工作主要面向湖北林业系统及大专院校，曾为湖北省野生动物救护研究开发中心、十堰市野生动物和森林植物保护站、荆门市野生动物和森林植物保护站、黄石市网湖湿地自然保护区管理局、襄阳南河湿地省级自然保护区管理局、湖北省鄂州市国家级陆生野生动物疫源疫病监测站、湖北省保康县林业局、黄冈师范学院等单位制作标本。2016年从事动物养殖行业，2017年5月成立武汉忆友联科生态有限责任公司。2020年6月，在武汉市新洲区紫薇都市田园景区设立武汉市新洲区野生动物救护站，为北刘动物标本制作技艺的传播与野生动物保护方面做了大量工作。徐欢注重标本造型设计与生态展现，擅长制作鸟类、兽类标本。代表作品：白孔雀标本、雕鸮标本、金丝猴标本等。

◎ 徐欢 ◎

四、张树生

张树生（1973年6月—　），男，汉族，出生于北京市顺义区，北刘动物标本制作技艺第五代传承人。对动物标本制作兴趣浓厚，为人踏实勤恳，于2017年正式拜师刘嘉晖学习北刘动物标本制作技艺。因一直居住于北京市顺义区龙湾屯镇唐洞村，长期利用业余时间在北刘传承基地积累标本制作经验，现已掌握北刘动物标本制作方法，同时积累了一定动物饲养、繁殖经验，长期协助刘嘉晖处理北刘动物繁育基地相关工作。擅长制作昆虫标本与禽类标本，作品风格自然真实、质朴无华。代表作品：白腹锦鸡标本、美国短毛猫标本、惠比特犬骨骼标本等。

◎ 张树生 ◎

郑满（1983年3月—　　），男，汉族，出生于北京市东城区，北刘动物标本制作技艺第五代传承人。自幼热爱动物，相继从事野生动物摄影记者、兽医等工作。2017年起，拜刘嘉晖为师学习北刘动物标本制作技艺。现已掌握北刘动物标本制作方法，能够独立制作各类动物标本，是北京清黎阁标本有限公司的主要成员。擅长制作展现自然生态环境中的动态兽类标本。因其有丰富的饲养、培育犬科动物经验，熟知大型兽类动物的动作、形态等特征，故尤其善于制作大型兽类动物标本。其作品注重写实与写意的结合，形象逼真、手法细腻、灵动传神。代表作品：草原狼标本、獾标本、白颈长尾雉标本等。

◎ 郑满 ◎

北刘动物标本

六、其他

其他具有代表性的北刘动物标本制作技艺第五代传承人：

李永久，师从刘嘉晖，现工作于黑龙江饶河检疫检验局。学成后为单位制作标本，传授动物标本制作技术，同时教授识别走私动物。

宋立东，师从刘嘉晖，现工作于辽宁仙人洞国家级自然保护区管理局。学成后负责单位标本的制作和技术的传播。

种宝林，师从刘嘉晖，现工作于甘肃省武威市天祝藏族自治县疾病预防控制中心。学艺后回到单位制作标本并传授标本制作技艺。

唐松涛，师从刘嘉晖，现工作于石家庄赛力有害生物防治有限公司。学艺后在当地制作有毒动物标本，传授有毒动物防护知识和标本制作技能。

刘敬辉，师从刘嘉晖，现工作于唐山市开平区丰态动物服务有限公司。学艺后协助唐山动物园制作动物标本、传播动物标本知识。

第
七
章

作品赏析

◎ 刘树芳为慈禧太后制作的动物标本 ◎

一、清农事试验场的各类动物标本

    1908年至1912年，刘树芳在农事试验场为清王朝制作了大量各类别的动物标本，其中多数动物是出使西方考察的端方从德国订购并运送回国的。这批标本成为刘树芳的经典代表作品，代表了当时中国标本制作的最高水准，是北刘动物标本历史起源的有力见证，同时也是清王朝"万牲园"动物情况的真实记录，具有极高的历史价值与艺术价值。

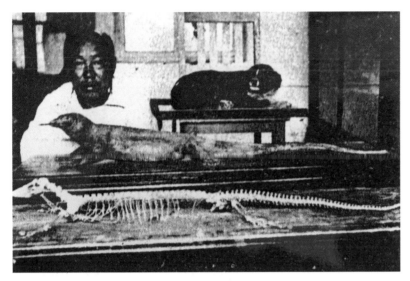

◎ 刘树芳在清黎阁制造标本处为顾客制作的标本 ◎

二、清黎阁制造标本处定制的标本

20世纪20年代中期，刘树芳在北京西直门新街口小五条附近开创了标本字号——"清黎阁制造标本处"，当时许多高等学府、研究机构、个人慕名求购定制标本，络绎不绝。刘树芳成为中国开设标本营销机构的"第一人"。

北
刘
动
物
标
本

◎ 刘树芳带领刘汝湉、刘汝英制作的新中国第一件亚洲象标本 ◎

三、新中国第一件亚洲象标本

    1951年，刘树芳主持并带领两个儿子刘汝湉、刘汝英共同制作了新中国首件亚洲象标本，成功完成了新中国历史上首例巨型剥制标本，代表了当时标本剥制技术的顶峰。此标本采用刘家擅长的"假体法"制作，整个假体均使用废弃的钢筋焊接出大象的形状，如象鼻使用钢筋一圈一圈焊接而成，再用布包裹软的部位，而后安装外皮，并填充内部。此作品现存于北京自然博物馆。

◎ 刘树芳带领刘汝湛、刘汝英制作的合川马门溪龙标本 ◎

四、合川马门溪龙标本

　　此照片拍摄于1965年5月，记录了刘树芳偕儿子刘汝湛、刘汝英共同为中国科学院古脊椎动物与古人类研究所制作的合川马门溪龙骨骼标本。马门溪龙是亚洲最大的恐龙，此标本为研究古脊椎动物提供了有利条件。此作品现存于中国古动物馆。

北刘动物标本

◎ 刘汝湃制作的慈禧太后宠物鹦鹉标本 ◎

五、慈禧太后宠物鹦鹉标本

　　这只鹦鹉是慈禧太后所饲养的一只鹦鹉。死后交由刘树芳制作为动物标本，当时其次子刘汝湃已经熟练掌握禽类标本制作手法，故在刘树芳的指导下，由刘汝湃亲自制作了此标本。因为北刘动物标本制作技艺讲究禽类从颈部到尾部都掏空制作假体，所以标本展示的部分仅是鹦鹉的躯干部分，而骨肉部分则葬于现北京市陶然亭公园，就是现在的"鹦鹉冢"所在之处。本标本1949年后原存放于北京市第二十五中学，之后去向不明。

◎ 刘汝淇制作的群鼠生活状态剥制标本 ◎

六、群鼠生活状态剥制标本

　　刘汝淇长期从事鼠疫防治相关工作，对鼠类可谓相当熟悉，他制作的这组"群鼠生活状态剥制标本"生动形象、真实细腻地反映了群鼠的社群生活与行为状态，是反映群鼠生活的标本珍品，也是刘汝淇作品中为数不多的存世代表作品之一。该作品现存于中国疾病预防控制中心传染病预防控制所（原中国预防医学科学院微生物研究所）。

◎ 刘汝溎制作的虎斑地鸫标本作品 ◎

七、虎斑地鸫标本

这只虎斑地鸫是刘汝溎青年时期在吉林省长白山地区捕捉到的，饲养了一段时间后离世，于是将其制作为标本留念。此标本是刘汝溎青年时期的一件作品，采用刘家擅长的传统方法制作，义眼的制作较为逼真，反映出虎斑地鸫性格胆怯的习性特点。作品现去向不详。

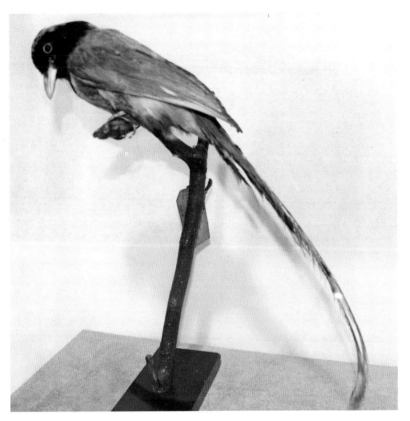

◎ 刘汝湉制作的红嘴蓝鹊标本作品 ◎

八、红嘴蓝鹊标本

　　红嘴蓝鹊是体态美丽的大型鸦类，体长60厘米左右。这个作品是刘汝湉青年时期所做，具体时间不详。因红嘴蓝鹊已于2016年被列入《世界自然保护联盟濒危物种红色名录》，此标本是研究红嘴蓝鹊华北亚种的有力依据。本作品现收藏于北京清黎阁标本有限公司北刘动物标本馆。

◎ 刘汝溎制作的伶鼬标本 ◎

九、伶鼬标本

　　这是刘汝溎1951年制作的一只伶鼬标本。标本1951年11月2日采集于黑龙江省齐齐哈尔市泰来县江桥蒙古族镇，是刘汝溎青年时期的作品。伶鼬已于2008年被列入《世界自然保护联盟濒危物种红色名录》，此标本成为研究20世纪50年代伶鼬东北亚种的重要依据。本作品现收藏于北京清黎阁标本有限公司北刘动物标本馆。

◎ 刘汝湛制作的红腹锦鸡标本作品 ◎

十、红腹锦鸡标本

　　此作品创作于1989年，是刘汝湛89岁时专门为长孙刘嘉晖制作的作品，当时老人家还谈笑风生、神采奕奕地给刘嘉晖述说着禽类标本制作的经验，没想到第二年冬春交替的寒冷时节，老人就始料未及地不幸辞世，这件红腹锦鸡标本也因此成为刘汝湛的遗作。本作品现收藏于北京清黎阁标本有限公司北刘动物标本馆。

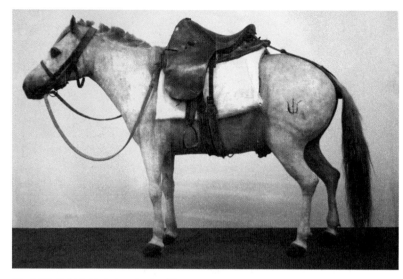

◎ 刘汝英制作的小青马标本 ◎

十一、战马标本

　　解放战争时期随人民解放军转战陕北的军功马在1962年时不幸亡故。时任动物园标本室负责人的刘汝英承担了其标本剥制工作。他不负众望、不辱使命，圆满完成了这项艰巨的任务，使小青马以它特有的雄姿展现中国革命不朽的历史。它曾经的主人都曾感慨："它和当年在陕北时一模一样。"该作品现作为国家一级文物存放于延安革命纪念馆。

◎ 刘汝英（左二）和他制作的虎标本 ◎

十二、北京动物园虎标本

  刘汝英继承了父亲的衣钵，中华人民共和国成立后追随父亲继续坚守在北京动物园的标本剥制室，担任标本技师，主持着标本室的工作。北京动物园的很多代表性标本都出自他手，这只虎标本就是刘汝英的代表作品之一。因为历史原因，多数标本已经被破坏损毁，此标本现已下落不明。

◎ 刘雁制作的绵羊标本 ◎

十三、绵羊标本

　　刘雁曾长期在内蒙古生产建设兵团生活工作，熟悉牛羊的习性姿态，常以草原动物为基础，创作标本作品。这只绵羊标本创作于2017年10月，是为清黎阁客户专门定制的标本。

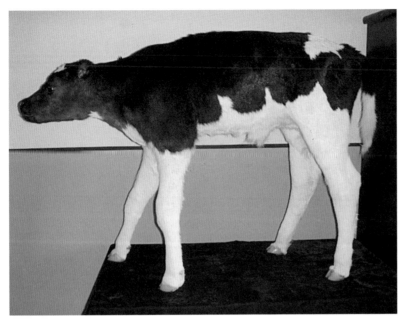

◎ 刘雁制作的奶牛标本 ◎

十四、奶牛标本

  刘雁擅长制作草原动物标本，制作奶牛标本的手法尤其娴熟。此作品制作于2008年5月，是为清黎阁客户专门定制的标本。

◎ 刘雁制作的野鸭标本 ◎

十五、野鸭标本

　　刘雁保持着北刘制作禽类标本的技术优势，这只野鸭作品还原了野鸭筑巢于河流沿岸的杂草垛而孵蛋的场景原貌，是刘雁早期作品之一。作品现已赠送友人。

◎ 刘嘉晖制作的非洲狮与野猪 ◎

十六、非洲狮与野猪标本

　　这套非洲狮与野猪作品是2011年刘嘉晖专门为当代艺术家孙原、彭禹定制的。其中，非洲狮标本的躯干前部匍匐在地，躯干后部被后腿有力地支撑着，整个脊椎骨呈缓坡状，身体结构与脊柱曲线造型难度较大。标本姿态好似非洲雄狮被围攻时伺机而动、准备反攻的姿势，眼神中流露出警惕的神情。而10只野猪标本则露着獠牙，表现出凶神恶煞的神态，虎视眈眈地注视着猎物，准备着群起而攻。多件标本组合为一组，制造大自然中食物链般真实的场景，比单纯的动态造型效果更加突出。作品现收藏于意大利。

◎ 刘嘉晖为雪豹突击队修复的雪豹标本 ◎

十七、雪豹标本

　　本作品是刘嘉晖于2010年为中国人民武装警察部队北京市总队雪豹突击队修复的雪豹标本。原标本在保存过程中有所损坏，刘嘉晖由内到外，从骨架、义眼到皮毛、造型，对标本几乎重新做了一遍，以突出雪豹机敏、警觉的特点。标本现收藏于雪豹突击队。

◎ 刘嘉晖制作的群狼标本 ◎

十八、群狼标本

    这组群狼标本是刘嘉晖的兽类经典作品之一，创作于2010年，当时受友人邀请，帮助其制作了这组标本，供研究展陈。当时如此完好的狼皮很难找到，而这组狼皮有10只之多，因此刘嘉晖用心创作了这组作品，每只狼都形态各异，表现出狼群咄咄逼人的攻击性，展现了群狼的生态自然原貌。该组作品由刘嘉晖的友人个人收藏。

北刘动物标本

◎ 刘嘉晖制作的红嘴蓝鹊标本 ◎

十九、红嘴蓝鹊标本

　　本作品制作于2008年，是刘嘉晖采用北刘家族传统技法完成的鸟类标本代表作之一，与祖父刘汝溎的红嘴蓝鹊作品相似而又不同，刘嘉晖从另一角度展现了鸟儿伫立枝头的优美姿态。作品现由刘嘉晖的一位友人所收藏。

◎ 刘嘉晖制作的红嘴相思鸟标本 ◎

二十、红嘴相思鸟标本

　　本作品制作于2008年，是刘嘉晖采用北刘家族传统技法完成的鸟类标本代表作之一，两只鸟栩栩如生、造型优美、灵动逼真。作品现由刘嘉晖的一位友人收藏。

◎ 刘嘉晖制作的金雕标本 ◎

二十一、金雕标本

　　本作品由刘嘉晖于1988年创作完成，展现金雕作为大型猛禽将要展翅翱翔时的生动形态。其羽毛色泽变化特点较为突出，是制作时的一个难点。本作品现收藏于北京清黎阁标本有限公司北刘动物标本馆。

◎ 刘嘉晖制作的孔雀标本 ◎

二十二、孔雀标本

　　此作品由刘嘉晖制作，完成于2018年5月8日。由两只雄性蓝孔雀与绿孔雀配成一组，成对称形制，便于陈设。因孔雀为鸡形目体型最大者，制作难度在禽类标本中相对较大。这一对孔雀标本头顶翠绿，羽冠蓝绿而呈尖形，修长的尾部覆羽，鲜艳美丽，是难得的标本珍品。本作品现收藏于北京清黎阁标本有限公司北刘动物标本馆。

◎ 刘嘉晖制作的巨骨舌鱼标本 ◎

二十三、巨骨舌鱼标本

　　本作品由刘嘉晖于2013年创作完成。巨骨舌鱼又称海象鱼，是一种难得一见的古老鱼种，成鱼体型巨大，长形，侧边稍扁。该标本表现了巨骨舌鱼这种庞然大物体长而笨重的憨态。古铜色的侧部和完整的大块鳞片体现了北刘鱼类标本制作的水平。本作品现收藏于北京清黎阁标本有限公司北刘动物标本馆。

◎ 刘嘉晖制作的大型海龟标本 ◎

二十四、大型海龟标本

　　本作品由刘嘉晖于2013年创作完成。海龟早在两亿多年前就已出现在地球上，是有名的"活化石"。该作品突出展示了海龟头背部的对称大鳞、镶嵌状排列的心形背甲、棕色背甲上清晰美丽的放射纹，以及自然弯曲为钩状的四爪，姿态自然、色泽油亮，是海龟标本中的佳品。本作品现收藏于北京清黎阁标本有限公司北刘动物标本馆。

北刘动物标本

◎ 刘嘉晖制作的鳄鱼标本 ◎

二十五、鳄鱼标本

　　本作品由刘嘉晖于2014年创作完成。鳄鱼是肉食性卵生脊椎类爬行动物，是两亿多年前与恐龙同时代的最古老爬行动物，也是迄今生存着的最原始的动物之一。该作品姿态优美，展现了鳄鱼强而有力的颌部，以及如刀一般锋利的牙齿。本作品现收藏于北京清黎阁标本有限公司北刘动物标本馆。

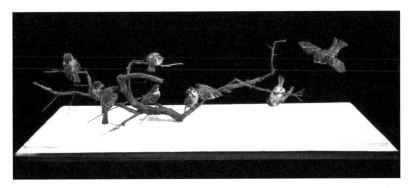

◎ 刘嘉晖制作的麻雀标本《寒雀图》◎

二十六、麻雀标本《寒雀图》

　　本作品由刘嘉晖于2020年创作完成。受到北宋著名画家崔白的《寒雀图》启发，刘嘉晖创作了这组麻雀标本作品《寒雀图》。在寒凝大地的自然界里，万物都处在宁静寂灭之中，而原画《寒雀图》的作者崔白却别出心裁，描绘了几只活跃跳动的小小麻雀，给荒寒的自然景色增添了无限生机。刘嘉晖将这幅流传于世的经典绢本设色国画用动物标本的形式展现出来，用双手力图把禽鸟"地偏无人之态"的天然情趣活灵活现地表现出来，诠释了乾隆御题"意关飞动"的内涵，展现了自然界生命力的顽强不息。本作品现收藏于北京清黎阁标本有限公司北刘动物标本馆。

◎ 刘高珺制作的草狐标本 ◎

二十七、草狐标本

　　本作品由刘高珺于2018年创作完成。草狐异常机灵，犬科动物大多以奔走迅速来获取猎物，只有狐会通过埋伏等待或使用声东击西等计谋来捕食老鼠、兔子等小型动物，因此狐在汉语中又是狡猾的代名词。狐的脸短而微凹，五官清秀而干净，乍一看去确实有蛊惑人心的媚态，该作品把狐的这些特点表达得淋漓尽致。本作品现收藏于北京清黎阁标本有限公司北刘动物标本馆。

◎ 刘高珺制作的金刚鹦鹉标本 ◎

二十八、金刚鹦鹉标本

　　本作品由刘高珺于2017年创作完成。金刚鹦鹉是色彩最为艳丽的鹦鹉，也是体型最大的鹦鹉，属大型攀禽。它具有镰刀状的大喙，口齿伶俐、活泼可爱，比较通晓人性。本作品使用的金刚鹦鹉脸上布满了条纹，好似京剧中的花脸脸谱，造型优美。本作品现收藏于北京清黎阁标本有限公司北刘动物标本馆。

北刘动物标本

◎ 刘高珺制作的红腹锦鸡标本 ◎

二十九、红腹锦鸡标本

　　本作品由刘高珺于2017年创作完成。红腹锦鸡是中型鸡类，雄鸟羽色华丽，头具金黄色丝状羽冠，后颈被有橙棕色且缀有黑边的扇状羽，形成披肩状。下体深红色，尾羽黑褐色，满缀以桂黄色的斑点。全身羽毛颜色互相衬托，赤橙黄绿青蓝紫一应俱全，光彩夺目，是驰名中外的观赏鸟类。本作品现收藏于北京清黎阁标本有限公司北刘动物标本馆。

◎ 张二红制作的北京油鸡标本 ◎

三十、北京油鸡标本

　　本作品由张二红于2020年创作完成。北京油鸡是优良的肉蛋兼用型地方鸡种，具有凤头、毛腿和胡子嘴等特征。本组作品对北京油鸡的这些特征拿捏到位，将鸡的生活样态表现得淋漓尽致。本作品现收藏于北京清黎阁标本有限公司北刘动物标本馆。

北刘动物标本

◎ 张二红制作的苍鹰标本 ◎

三十一、苍鹰标本

　　本作品由张二红于2012年创作完成。苍鹰是森林中的肉食性猛禽，视觉敏锐，善于飞翔，且白天活动，性情机警，擅于隐藏，飞行快而灵活，能利用短圆的翅膀和长的尾羽来调节速度和改变方向，在林中或上或下、或高或低穿行于树丛间。这只苍鹰标本表现了其隐蔽在树枝间窥视猎物，伺机而动的神态。本作品现收藏于北京清黎阁标本有限公司北刘动物标本馆。

◎ 张二红制作的孔鳐标本 ◎

三十二、孔鳐标本

　　本作品由张二红于2017年创作完成。孔鳐，俗称老板鱼，体扁平，体盘略呈斜方形、尾扁平狭长，尾部较宽扁，侧褶发达，喷水孔位于眼后。该鱼肉多刺少，无硬骨。该鱼没有鳞片，制作标本对鱼皮的处理要求比较高。本作品现收藏于大连海珍品有限公司水产动物标本馆。

◎ 徐欢制作的白孔雀标本 ◎

三十三、白孔雀标本

　　本作品由徐欢于2017年创作完成。白孔雀一般指人工繁育下野生蓝孔雀的变异品种，数量稀少，是珍贵的观赏鸟。其通身洁白无瑕，羽毛无杂色，眼睛呈淡红色。该作品毛羽舒展、姿态优雅，是白孔雀标本中的佳作。本作品现收藏于黄冈师范学院。

◎ 徐欢制作的雕鸮标本 ◎

三十四、雕鸮标本

　　本作品由徐欢于2018年创作完成。雕鸮属夜行猛禽，喙坚硬而勾曲，尾短圆，脚强健有力，爪锋利而尖锐。该标本展现出雕鸮伸颈睁眼、张翅待动的自然姿态，生动传神地表现出其敏锐机警的习性。本作品现收藏于十堰市林业局。

◎ 徐欢制作的金丝猴标本 ◎

三十五、金丝猴标本

　　本作品由徐欢于2016年创作完成。金丝猴是珍稀品种，它们智力高超，是一种异常灵慧的灵长类动物。该标本神态自然、毛色金黄鲜艳，在阳光下闪若金丝，造型的树木装饰自然协调，表现出其典型的森林树栖动物特性。本作品现收藏于湖北省野生动物救护研究开发中心。

◎ 张树生制作的白腹锦鸡标本 ◎

三十六、白腹锦鸡标本

　　本作品由张树生于2020年创作完成。白腹锦鸡雄鸟头顶、背、胸为金属样的翠绿色；羽冠为紫红色；后颈披肩羽为白色，并具有黑色羽缘；下背为棕色；腰转为朱红色；飞羽为暗褐色；长长的尾羽有黑白相间的云状斑纹。此标本将其羽色特点、神态都淋漓尽致地展现了出来。本作品现收藏于北京清黎阁标本有限公司北刘动物标本馆。

◎ 张树生制作的美国短毛猫标本 ◎

三十七、美国短毛猫标本

　　本作品由张树生于2020年创作完成。美国短毛猫素以身体匀称、骨骼粗壮、肌肉发达、生性聪明、性格温驯而著称，是短毛猫类中的大型品种。幼年的短毛猫圆头圆脑，软绵绵的手感和灵活的四肢很是讨人喜欢。作品中的银色条纹品种最为名贵，是宠物饲养的佳品。该作品是为清黎阁客户定做的宠物纪念品，作品暂时收藏于北京清黎阁标本有限公司北刘动物标本馆。

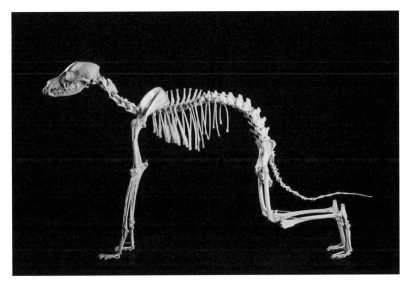

◎ 张树生制作的惠比特犬骨骼标本 ◎

三十八、惠比特犬骨骼标本

　　本作品由张树生于2019年创作完成。惠比特犬是典型的运动型猎犬，中型视觉猎犬，体型呈流线型，能以最少的动作，跑完最长的距离。给人的印象漂亮而和谐，肌肉健壮而发达，强壮而有力，外形高雅而优美。该骨骼标本展现了惠比特犬的身形优势，可用于科研、教学等，是骨骼标本中的佳作。本作品现收藏于北京清黎阁标本有限公司北刘动物标本馆。

◎ 郑满制作的草原狼标本 ◎

三十九、草原狼标本

　　本作品由郑满于2020年创作完成。草原狼是灰狼的一个亚种，在食物链中属于上层的掠食者。其具有较好的耐力，奔跑速度极快，持久性也很好，适合长途迁移。它们的胸部狭窄，背部与腿强健有力，使它们具备很有效率的机动能力。此狼为郑满所饲养，在狼群中被咬伤致死，制作中巧妙地遮蔽了咬伤的部位，使得整个作品仍旧表现出草原狼聪慧机警、自信优雅的神态，逼真地还原了狼生活中的状态。本作品现已赠予郑满的友人。

◎ 郑满制作的獾标本 ◎

四十、獾标本

    本作品由郑满于2019年创作完成。此獾毛色发灰，下腹部为黑色，脸部有黑白相间的条纹，耳端为白色。体型粗实肥大，四肢短，耳郭短圆，眼小鼻尖，颈部粗短。本作品细致、准确地展示出獾的自然样态，尤其是其前后足趾强有力的黑棕色爪，刻画出它一只前肢爪细长而弯曲，用作强有力掘土工具的生态模样，是小型兽类标本的佳作。本作品现收藏于北京清黎阁标本有限公司北刘动物标本馆。

◎ 郑满制作的白颈长尾雉标本 ◎

四十一、白颈长尾雉标本

　　本作品由郑满于2020年创作完成。白颈长尾雉属大型鸡类，属于极其珍稀的鸟类。雄鸟头为灰褐色，颈为白色，脸为鲜红色，其上后缘有一显著白纹，上背、胸和两翅都为栗色，上背和翅上均有一条宽阔的白带，极为醒目；下背和腰为黑色并带有白斑；腹为白色，尾为灰色而具宽阔的栗斑。此标本淋漓尽致地展现出白颈长尾雉细长优美的尾羽及色彩斑斓的羽毛，凸显了这个鸟种整体的美感。本作品现收藏于北京清黎阁标本有限公司北刘动物标本馆。

张田：《市井·坊间拾遗》，北京美术摄影出版社2019年版。

吴峥嵘：《标本名家刘树芳及传人》，《世纪》2009年3月。

刘永加：《清末万牲园里品新潮生活》，《北京晚报》2020年7月21日。

肖方：《标本世家"南唐北刘"》，《生命世界》2012年11月。

侯江、李庆奎：《近代中国生物标本制作掠影》，《博物馆学》2011年3月。

马芷庠编著、张恨水审定：《北平旅行指南》，经济新闻社1935年版。

《农事试验场全景》，博信堂清宣统元年（1909年）四月发行。

雷朝亮、荣秀兰：《普通昆虫学》，中国农业出版社2003年版。

李典友、高本刚：《生物标本采集与制作》，化学工业出版社2016年版。

罗桂环、李昂、付雷、徐丁丁：《中国生物学史》（近现代卷），广西教育出版社2018年6月版。

《让死去的动物"活"过来》，《中国青年报》2009年4月29日。

陈岸瑛：《工艺当随时代：传统工艺振兴案例研究》，中国轻工业出版社2019年版。

杨小燕：《北京动物园志》，中国林业出版社2002年版。

附录

APPENDIXES

序号	时间	人物	事件	历史意义
1	1892年6月	刘树芳	北刘动物标本制作技艺第一代传承人刘树芳生于直隶省宛平县一个普通满族正蓝旗人家。	北刘动物标本制作技艺创始人诞生。
2	1898年前后	刘树芳	刘树芳进入八旗子弟学堂学习，尝试自学制作动物标本，小有成就，在八旗子弟圈中初露头角。	为刘树芳后续辉煌的职业道路奠定了基础。
3	1907年7月	刘树芳	刘树芳结束在八旗子弟学堂的学习，随即转入京师大学堂制造博物品实习科，师从日本标本制作教师松下先生，系统学习西方新派标本制作知识，并承担当时农事试验场中万牲园死亡动物标本制作的实践任务。	刘树芳汲取了"西学东渐"的文化精华，因此成为中国最早一批受过专门培训的标本制作技师。
4	1908年	刘树芳	刘树芳开始创业于清末皇家敕建的农事试验场万牲园，成为一名专业的动物管理员兼标本制作师，工作地点位于农事试验场的荟芳轩，其间其标本制作技艺受到农事试验场所聘德国技师勒克的指点，业有所精。	这一时期是刘树芳为北刘动物标本制作技艺开宗立派的重要历史阶段。

序号	时间	人物	事件	历史意义
5	1908年5月	刘树芳	慈禧太后在光绪皇帝及后妃的陪同下，驻跸农事试验场，并巡视游览了万牲园，巧遇刘树芳正在制作喜鹊标本，慈禧太后当即下旨刘树芳将日后万牲园中亡故的动物制作为标本供人观赏。	刘树芳从此成为慈禧太后指定的清末皇家宫廷标本制作技师，制作了大量动物标本，正式走上了专业为宫廷制作动物标本的道路。
6	1916年	刘树芳	中华民国农商部中央农事试验场设置动物剥制课程，刘树芳参与教学。	刘树芳开启动物标本制作讲习的先河。
7	1917年6月	刘汝湀	刘汝湀出生于北京新街口小五条。	北刘动物标本制作技艺第二代传承人刘汝湀诞生。
8	1925年前后	刘树芳	刘树芳为中央农事试验场动物园制作动物标本之余，在北京西直门新街口小五条附近开创了刘家标本专营店"清黎阁制造标本处"。之后，刘树芳又在中华书局设置了"清黎阁标本代售处"。	"清黎阁"成为具有品牌知名度与认可度的京城动物标本制作品牌，刘树芳也成为中国开设标本营销机构的"第一人"。
9	1929年	刘树芳	刘树芳受聘于北平研究院生物部，成为动物标本陈列室的标本制作师，工作地点位于原广善寺旧址处的农林传习所。	刘树芳任职于国民政府在北平成立的学术研究机构，这里是我国早期博物馆的雏形，刘树芳在这一历史时期形成了一套自己独树一帜的标本制作技法。
10	1930年	刘汝英	刘汝英出生于北京新街口小五条。	北刘动物标本制作技艺第二代传承人刘汝英诞生。

非物质文化遗产丛书

北刘动物标本

序号	时间	人物	事件	历史意义
11	1934年	刘树芳	刘树芳受聘于北平研究院动植物研究所，制作动物标本，工作地点位于国立北平天然博物院陆谟克堂三层的标本室。	刘树芳标本制作技艺日臻成熟、自成一派的历史时期。
12	1934年底	刘树芳	国立北平天然博物院更名为"北平农事试验场"，刘树芳领导制作了猩猩、狮、鸵鸟、蟒、鳄鱼等1000多种中外动物标本。	在刘树芳的努力下，北平农事试验场优质标本众多，成为北平名噪一时的旅行胜地及文旅融合的著名景点。
13	1935年	刘汝溎	刘树芳的次子刘汝溎进入中法大学，作为练习生学习标本制作。	中法大学生物系是北平研究院生物所的青年人才培养基地，第二代传承人刘汝溎经历了专业的生物学研习。
14	1937年	刘汝溎	刘汝溎子承父业，调到农事试验场动物园，成为一名练习生，兼任动物管理员。	刘汝溎学习家传标本制作技艺的同时，又担任着动物园管理员的工作，迅速成长为有潜质的第二代传承人。
15	1937年7月	刘树芳	卢沟桥事变后，日本人占领北平，刘树芳被迫离开了农事试验场。	北刘家族的标本事业因战乱而遇到前所未有的困难。
16	1939年	刘树芳 刘汝溎	刘树芳带领次子刘汝溎，共同接受北平大学农学院生物系聘请，担任标本剥制技术员。	这一历史时期，刘汝溎被培养成为一名思想成熟、技术精湛的优秀标本制作师。

序号	时间	人物	事件	历史意义
17	1940年	刘树芳 刘汝溎	刘汝溎独立承担北平大学农学院生物系的标本剥制工作。此时，刘树芳则回到早年的工作岗位，位于农事试验场荟芳轩的动物标本陈列室工作。	北刘第二代传承人刘汝溎可以独立承担起北平大学农学院生物系的标本制作工作。
18	1945年	刘树芳 刘汝溎 刘汝英	农事试验场因被日军强占而被迫关闭，刘树芳带领着全家迁往江苏徐州避难。刘树芳随后在江苏徐州畜产管理处当了一名处长，刘汝溎则在徐州制茸厂工作。	北刘家族因战乱而离开北平，其标本制作事业走入了发展的低谷，此时刘树芳转而关注和培养家族第二代传承人。
19	1946年	刘汝溎	刘汝溎赴吉林长白师范学院生物系担任助理员一职。	刘汝溎赴东北继续发展家族技艺，刘家第二代传承人呈现出开枝散叶的局面。
20	1949年	刘汝溎	刘汝溎留在长春鼠疫防治所工作，为百废待兴的新中国清除日军侵华滥用生物武器遗留的瘟疫灾难而工作。	刘汝溎清理战争遗留的毒害，搜集生化战争罪证，并将其制成标本永久保存，向世人昭示日本侵略者犯下的滔天罪行。
21	1950年	刘树芳 刘汝英	刘树芳带领四子·刘汝英，重新回到阔别已久的北京动物园（当时称为"西郊公园"）工作。	刘树芳、刘汝英为新中国动物标本制作事业的恢复做出了积极的贡献。
22	1951年	刘树芳 刘汝溎 刘汝英	刘树芳主持并带领两个儿子·刘汝溎、刘汝英共同制作了新中国首件亚洲象标本。	刘树芳父子三人成功完成了新中国历史上首例巨型剥制标本，代表了当时标本剥制技术的顶峰。

北刘动物标本

序号	时间	人物	事件	历史意义
23	1946—1952年	刘树芳	刘树芳先后到吉林长白师范学院生物系和北京师范大学生物系担任讲师，讲授《剥制学》等生物技术课程。	刘树芳积极培育后继人才，把自己一手创制的北派标本制作技艺毫无保留地传授给了年青一代的学子。
24	1952年6月	刘树芳	刘树芳突发脑溢血而逝世，享年60岁。	北刘第一代传承人在编写标本授课讲义时离世，终成其"标本一生"的夙愿。
25	1952年	刘汝英	刘汝英独立主持北京动物园标本室的标本剥制工作。	第二代传承人刘汝英继承刘树芳衣钵。
26	1952年10月	刘雁	刘雁出生于北京市门头沟区。	北刘动物标本制作技艺第三代传承人刘雁诞生。
27	1953年	刘汝湘	刘汝湘赴抗美援朝战场及我国东北相关区域，把美国投放的病毒鼠制作成标本。	刘汝湘通过制作病毒鼠标本留下了美国人投毒、发起细菌战的罪证。
28	1957年	刘汝湘	刘汝湘调回北京中国医学科学院流行病学微生物学研究所工作，担任标本室主任技师，继续从事标本剥制工作，并开始涉足医学标本的制作领域。	刘汝湘回到北京继续从事北刘标本制作技艺的传承发展。
29	1962年	刘汝英	刘汝英制作战马标本。	该标本现为延安革命纪念馆国家一级文物。
30	1970年7月	刘汝英	刚年过40岁的刘汝英不幸离世。	北刘第二代传承人刘汝英辞世。

序号	时间	人物	事件	历史意义
31	1970年8月	刘嘉晖	刘嘉晖出生于北京市东城区。	北刘动物标本制作技艺第四代传承人刘嘉晖诞生。
32	1969—1976年	刘雁	刘雁赴内蒙古生产建设兵团。	北刘第三代传承人离京，在特定历史环境中推动北刘标本制作事业。
33	1979年	刘嘉晖	刘嘉晖师从祖父开始学习标本制作技艺。	北刘第四代传承人从艺。
34	1990年2月	刘汝溎	刘汝溎住院期间突发心肌梗塞，不幸辞世。	北刘第二代传承人刘汝溎辞世。
35	2004年7月	刘高珺	刘高珺出生于北京市朝阳区。	北刘动物标本制作技艺第五代传承人刘高珺诞生。
36	2006年6月	刘嘉晖	刘嘉晖登记注册成立"北京清黎阁标本有限公司"。	刘嘉晖以一种现代企业形式延续了祖先创始的京城老字号"清黎阁制作标本处"，致力于北刘标本制作技艺的传承发展。
37	2006年	刘嘉晖	刘嘉晖收刘家之外的传承人王艳萍。	北刘动物标本制作技艺开始由传统的"家族式传承"转向更为开放的"师徒式传承"。
38	2014年	刘嘉晖	北京市朝阳区人民政府正式公布"北刘动物标本制作技艺"为朝阳区级非物质文化遗产代表性项目。	北刘动物标本制作技艺被列入朝阳区级非遗名录。

附录

序号	时间	人物	事件	历史意义
39	2014年12月	刘嘉晖	经朝阳区申报，北京市人民政府正式公布"北刘动物标本制作技艺"被列入第四批北京市级非物质文化遗产代表性项目名录（传统技艺类项目）。	北刘动物标本制作技艺被列入北京市级非遗名录。
40	2014年	刘高珺	刘高珺师从其父刘嘉晖，开始学习制作标本。	北刘第五代传承人从艺。
41	2015年9月	刘嘉晖	经朝阳区申报，北京市文化局正式认定刘嘉晖为第四批北京市级非物质文化遗产项目代表性传承人。	刘嘉晖被认定为北京市级非遗代表性传承人。
42	2019年1月	张二红	第五代传承人张二红，被北京市朝阳区文化委员会认定为区级代表性传承人。	张二红被认定为朝阳区级非遗代表性传承人。
43	2021年2月	刘雁	刘雁因病医治无效辞世。	北刘第三代传承人刘雁辞世。

后记

　　作为一位长期奋斗在一线的非物质文化遗产保护工作者，很荣幸能够有机会承担本书的撰写。本书是一本全面记述北刘动物标本制作技艺的书，它像一部"纪录片"，反映了北刘动物标本制作技艺的过去、现在和未来。正如国家图书馆负责全国非遗抢救性记录工作的田苗老师所言：我们应该站在历史的延长线上，回望历史，认识到所做非遗的历史价值；再掉转头，看向未来，幻想站在未来的时间点上，看一看我们的现在，看看我们现在所留下的东西，在未来是怎样的形象，留给后代是怎样的感受。

　　做标本是个苦活，拿着动物的尸骨做手工艺术创作，虽然留给别人的是光鲜亮丽的作品，但独自承受的却是每天面对动物尸体的腥臭味，剥制一件作品要成千上万刀，每一刀都是用手割出来的，因此，做标本光有爱可能还不够，在我看来，还需要无与伦比的勇气与承受力。我作为一个身在一线的非遗保护工作者，一直以来，都被非物质文化遗产传承人身上的坚韧、执着与情怀所感动。

　　谈及祖辈的作品，刘嘉晖先生总是如数家珍。我出于对刘家几代先辈的尊重、对非遗保护工作的重视、对本书内容的负责，一直想将现存北刘的作品做一次调查汇总。但北刘至今已传承五代，这五代随着中国近代历史一起跌宕起伏，因为诸如管理保存不善而遗失或损坏、一些特殊历史事件中人为破坏或藏匿等，很多北刘的经典作品无法找到，所以很遗憾搁置了这个想法。现书中呈现的代表作品均为存世作品中的代表，但我尽全力汇集了北刘现存各历史时期的重要作品照片，并逐一数字化处理，形成了一套北刘的历史照片数字化档案资料，大多数清晰度相对较高的照片均已作为内容配图展示出来，希望能有益于北刘动物标本制作技艺的保护与传承。

梳理历史是一项烦琐而精细的工作，如很多文章都把"北平大学农学院生物系"误写为"北京大学农学院生物系"，并容易与"北京大学生物系"相混淆，经多方考证，1928年北京农业大学并入北平大学，称为北平大学农学院，设有农业生物系，该系也是中国近代历史上高等生物学教育的优秀代表之一。

因为标本制作起初是比较小众的手艺，一些历史事件并无书籍可以寻找出处，因此，关于本书历史事件的叙述，笔者选择尊重刘家人的叙述权，以传承人口述历史的方式复原并串联事件。例如，抗美援朝期间美国是否投放过病毒鼠，至今美国都没有正式承认，但据刘汝溎跟其长孙刘嘉晖讲述，北刘确实有过赴前线制作病毒鼠标本的经历，因此文中对此给予相应内容的记录。

此外，考虑到北刘动物标本制作技艺的特点，突出兽类、禽类标本的制作，因此，在章节排序、内容取舍、代表作品认定上都有所侧重和体现。

写非遗的书，不可避免地要对传承谱系进行梳理，对历史上的几代传承人定性，因此，我试图用不同的词汇突出他们的身份及作用：标本技师、制作者、匠人、传承人、创立者、实践者……以此强调他们的角色。

　　本书是北刘动物标本制作技艺的第一本专业书籍，填补了北刘标本的一项空白，成书过程艰辛复杂，每次采访，只能选择在周末及假期，在刘嘉晖老师的工作室一待就是一整天；催稿审校工作量相当繁重，刘嘉晖老师再忙都得秉烛夜读，为了保证书籍中重要内容的真实性，有时甚至在传承人研培班课程结束后连夜返回顺义区的工作室核稿校稿，衷心感谢刘嘉晖老师的鼎力协助！

　　书中大量照片拍摄于北刘标本馆，为了凸显作品质感，照片采集时间长、选取角度多，得到刘嘉晖老师众多可爱可敬的弟子不遗余力的帮助：刘高珺举着背景布，一站就是几个小时；郑满不顾刚做完手术的腰疼，趴在地上摆作品；徐欢身在武汉，每次追图改字都积极配合……衷心感谢这些传承人的努力配合！

　　北刘大师工作室现位于北京市顺义区龙湾镇龙湾屯村，每次田野调查都路途遥远、舟车劳顿，衷心感谢提供搭车服务的诸位动物标本爱好者的热情帮助！

　　成书过程复杂、周期较长，写作、审校、排图几乎天天都要熬到半夜，感谢我家人全力的支持！

　　从本书开始创作时的第一次田野调查，笔者就在刘嘉晖老师的标本台上看到了一幅高仿的北宋崔白《寒雀图》，当时就很惊叹，也一直期待着能够在本书中展现这件刘老师的大作。时至成稿前，历时1年多，作品终于得以完成。回想起未完成时，刘嘉晖老师还总是对自己要求很高，怎么看都有些许不满意之处，常常指着作品总结出很多条待改进的问题，精益求精的追求正是当下工匠精神的生动体现。但另一方面，在动物保护理念的引领之下，标本制作者的原材料却变得更不易获取，连麻雀都不敢捕捉，只能寻找死麻雀作

后记

为原料，但技艺还要传下去，每位传承人都在不停地努力着，不禁让我想到很多濒危的非物质文化遗产项目。我们最终有幸在本书中展现刘嘉晖老师《寒雀图》作品的细节，是刘嘉晖老师费尽周折、不辞辛劳、夜以继日的结果，再次感谢刘嘉晖老师对本书的协助。

本书成稿于庚子年末，计划辛丑年出版之际敬献于北刘第三代传承人刘雁老师。怎奈世事多变、人生无常，在农历辛丑年新春之时，突然得知刘雁老师因病离世的不幸消息，心中不由伤感与叹惋，谨以此书缅怀北刘动物标本制作技艺的守业之人——刘雁老师。

致敬每位为非物质文化遗产传承而努力的人。

由衷感谢北京市文学艺术界联合会、北京民间文艺家协会、北京出版集团对本书出版的支持！

珊 丹

2020 年 11 月 30 日